应用型人才培养系列教材

Vue.js 前端开发技术与实践

主　编　李新荣

副主编　黄晓玲　潘瑞远　蔡秋霞

西安电子科技大学出版社

内 容 简 介

本书详细讲解了 Vue.js 开发技术及 Vue 的相关生态系统。全书共 12 章，内容包括 Visual Studio Code 编辑器、Vue 项目开发中常用的 ES6 语法、Vue 入门、Vue 指令、Vue 实例对象、Vue 组件、Vue 过渡与动画、Vue 路由、Vue Cli 脚手架、Vuex 状态管理、前后台数据交互技术、基于 Vue+Vant 移动端的项目开发实践。

本书语言通俗易懂，案例丰富实用，可作为高等院校计算机相关专业 Web 前端开发课程的教材，也可作为 Web 前端开发从业人员的参考书。

图书在版编目(CIP)数据

Vue.js 前端开发技术与实践 / 李新荣主编. —西安：西安电子科技大学出版社，2021.1
ISBN 978−7−5606−5948−0

Ⅰ. ①V…　Ⅱ. ①李…　Ⅲ. ①网页制作工具—程序设计　Ⅳ. ①TP392.092.2

中国版本图书馆 CIP 数据核字(2020)第 272604 号

策划编辑　陈　婷
责任编辑　王　艳　陈　婷
出版发行　西安电子科技大学出版社(西安市太白南路 2 号)
电　　话　(029)88242885　88201467　　　邮　编　710071
网　　址　www.xduph.com　　　　　　　电子邮箱　xdupfxb001@163.com
经　　销　新华书店
印刷单位　咸阳华盛印务有限责任公司
版　　次　2021 年 1 月第 1 版　　2021 年 1 月第 1 次印刷
开　　本　787 毫米×1092 毫米　1/16　印 张　13.5
字　　数　316 千字
印　　数　1～3000 册
定　　价　31.00 元

ISBN 978 − 7 − 5606 − 5948 − 0 / TP

XDUP 6250001−1

如有印装问题可调换

前　言

Vue 已被广泛地应用于 Web 端、移动端及跨平台的应用开发中，其渐进式开发理论和繁荣的生态圈为我们提供了大量的开发实践。Vue 的使用场景广泛，市场需求大，因此很多前端开发人员都在学习、使用 Vue，Vue 开发技术也成为很多高等院校学生学习 Web 前端开发技术的必修课程。

本书用通俗易懂的语言，循序渐进地讲解了 Vue 开发的前置技能、Vue 框架及其生态系统以及移动端 Vue 组件库 Vant。本书内容较为全面且深入，分 4 个部分，共 12 章。

第一部分（第 1、2 章）：Vue 开发的前置技能。

第 1 章讲解了适合 Vue 开发的编辑器 Visual Studio Code(以下简称 VS Code)的使用方法。VS Code 是微软推出的一款轻量级代码编辑器，免费且功能强大，其生态圈对 Vue 友好，而且插件易用，也没有烦琐的配置过程，使用非常方便，是 Web 前端开发最常用的工具。

第 2 章讲解了 Vue 开发中常用的 ES6 基础语法。要学习 Vue，ES6 的基础常识是必须要了解的。掌握了 ES6 的基础语法，学习 Vue 开发会更容易。

第二部分（第 3～7 章）：Vue 框架。

第 3 章为 Vue 开发入门，主要讲解了 Vue 框架开发的优点、Vue 的 MVVM 模式、Vue 的下载安装和使用以及 Vue 的调试工具。

第 4 章讲解了 Vue 指令。本章通过案例全面讲解了 Vue 核心功能默认内置的 14 条指令。

第 5 章讲解了 Vue 实例。每个 Vue 应用都是通过 Vue 构造函数来创建一个新的 Vue 实例开始的。本章通过案例讲解了创建 Vue 实例的配置对象、Vue 实例的生命周期、Vue 实例的常用属性和方法。

第 6 章讲解了 Vue 组件。组件是 Vue 最强大的功能之一，本章通过案例讲解了组件的创建和调用、组件之间的关系和通信、动态组件、单个文件组件等与组件相关的内容。

第 7 章讲解了 Vue 过渡与动画。本章通过案例讲解了 transition 组件应用 CSS 过渡与动画，此部分内容有助于实现页面绚丽的动画特效。

第三部分（第 8～10 章）：Vue 框架的生态系统。

第 8 章讲解了 Vue 路由。Vue Router 是 Vue.js 官方的路由管理器，它可以使构建单页面应用更容易。本章通过案例讲解了 Vue Router 的安装和基本用法、设置路由被激活的链接样式、设置路由切换过渡动画、嵌套路由、命名路由、路由别名、路由重定向、命名视图、路由传递参数、编程式的导航等内容。

第 9 章讲解了 Vue Cli 脚手架。Vue Cli 是一个基于 Vue 进行快速开发的完整系统。本章通过案例讲解了搭建 Vue Cli 开发环境、使用 Vue-cli 创建项目等内容。

第 10 章讲解了 Vuex 状态管理器。Vuex 是一个专为 Vue 应用程序开发的状态管理模式，它采用集中式存储管理应用的所有组件的状态，并以相应的规则保证状态以一种可预测的方式发生变化。本章通过案例讲解了 Vuex 的安装和基本使用、Vuex 配置选项及使用 Vuex 开发项目的实践案例。

第四部分（第 11、12 章）：Vue + Vant 项目开发实践。

第 11 章讲解了前后台数据交互技术，该技术是开发项目必须要掌握的。本章通过案例，重点讲解了 axios 的使用方法。

第 12 章讲解了基于 Vue + Vant 移动端的项目开发实践。本章讲解了移动端 Vue 组件库 Vant，并使用 Vue 开发一个移动端项目，把前面章节所学的知识结合起来应用到实际的项目开发实践中。

本书中的每个知识点都配有实用案例，第 8～11 章还配有综合案例，第 12 章讲述了用 Vue 开发综合性的实践项目。

本书条理清晰，案例丰富，实用性和操作性强，可作为高等院校 Web 前端开发课程的教材，也可作为 Web 前端开发技术人员的参考书。

本书由桂林电子科技大学李新荣担任主编，黄晓玲、潘瑞远、蔡秋霞担任副主编。由于信息技术的发展非常迅速，加之作者水平有限，书中不足之处在所难免，欢迎读者不吝指正。在阅读本书时，如发现问题可以通过电子邮件与编者联系，邮件发至 123990509@qq.com。

编　者

2020 年 8 月

目　　录

第 1 章　Visual Studio Code 编辑器

　　Visual Studio Code(VS Code)是微软旗下一款非常优秀的跨平台、轻量、免费的代码编辑器，其拥有强大的智能提示、各种方便的快捷键、丰富的插件生态系统，且运行稳定，在前端开发中是非常好用的工具。本章将简单介绍 VS Code 的基本使用方法。

1.1　下载及安装 VS Code

　　登录 VS Code 官方网站 https://code.visualstudio.com/，下载 VS Code 安装文件。官方网站提供有不同操作系统不同版本的安装文件，包括 Stable(稳定的发行版本)与 Insiders(最新的测试版本)两个版本，如图 1-1 所示。用户可根据自己的计算机选择相应操作系统及版本下载 VS Code。在此以下载 Stable(稳定的发行版本)版本 Windows x64 安装文件为例进行讲解，下载的安装文件为"VSCodeUserSetup-x64-1.47.0.exe"。

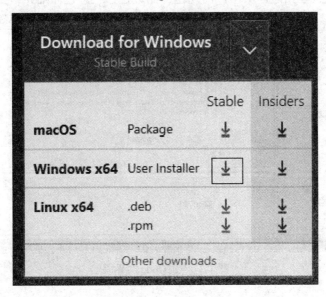

图 1-1　VS Code 下载界面

　　双击"VSCodeUserSetup-x64-1.47.0.exe"安装文件，运行安装向导，如图 1-2 所示。用户根据安装向导提示一步一步完成即可。

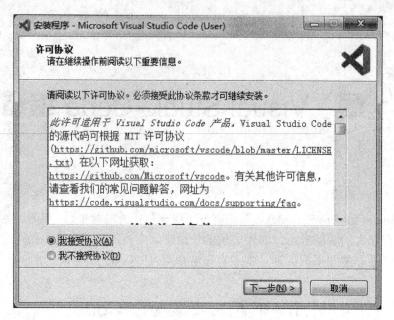

图 1-2　VS Code 安装界面

1.2　VS Code 的界面介绍

VS Code 的界面主要分为 6 个区域，分别是菜单栏、活动栏、侧边栏、编辑栏、面板栏和状态栏，如图 1-3 所示。其中，活动栏、侧边栏、状态栏详细介绍如下。

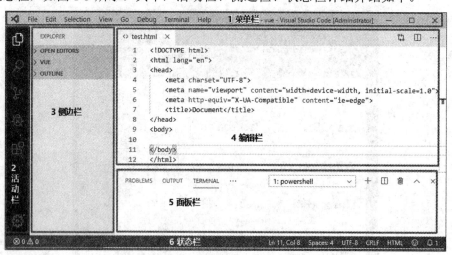

图 1-3　VS Code 的界面

1）活动栏

如图 1-4 所示，活动栏中从上到下依次为文件资源管理器、搜索、代码管理器、调试、插件和设置按钮。

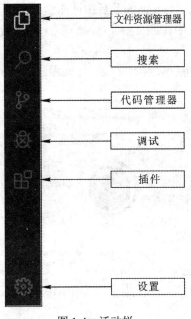

图 1-4　活动栏

2) 侧边栏

单击活动栏上的文件资源管理器、搜索、代码管理器、调试、插件和设置按钮，相应的功能操作界面会在侧边栏中打开。

例如，单击活动栏中的"文件资源管理器"按钮，在侧边栏中将会打开文件资源管理器。文件资源管理器用来浏览、打开和管理项目内的所有文件和文件夹。打开文件夹后，文件夹内的内容会显示在文件资源管理器中。在文件资源管理器中可以创建、删除、复制、重命名文件和文件夹，也可以通过拖曳移动文件和文件夹，如从 VS Code 之外拖曳文件到文件资源管理器，则拷贝该文件到当前文件夹下。

3) 状态栏

状态栏用于显示当前正在编辑的文件的信息。在状态栏的最左侧单击 ⊗0⚠0 区域可以开关"面板栏"。状态栏的中右侧显示当前光标所在位置及 Tab 缩进字符等信息。状态栏如图 1-5 所示。

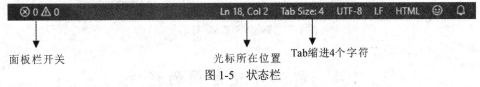

图 1-5　状态栏

1.3　插件的获取及安装

VS Code 有丰富的插件生态系统。下面以安装 VS Code 的汉化插件为例，介绍插件的获取方法及安装步骤。

(1) 单击活动栏的第 5 个按钮图标 ，插件管理器将在侧边栏中打开。

(2) 在插件搜索框中输入"language"后按回车键进行查找。

(3) 在搜索框下面的列表中找到"中文(简体)"插件，单击该插件，在编辑栏区域将显示该插件的相关信息。

(4) 单击"Install"按钮进行安装。

操作步骤如图 1-6 所示。

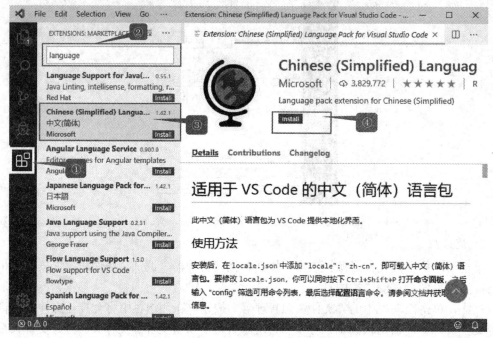

图 1-6　插件安装步骤

安装完成后"Install"按钮变成了"Uninstall"按钮，单击"Uninstall"按钮可以卸载插件。汉化插件安装完成后会在窗口的右下角弹出一个对话框，如图 1-7 所示，显示重启 VS Code 进入中文界面。单击"Restart Now"按钮，重启 VS Code 进入中文界面。

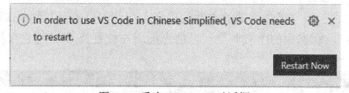

图 1-7　重启 VS Code 对话框

1.4　前端开发常用的插件

1. 代码编辑插件

代码编辑插件可提高写代码的效率，主要包括以下两类插件。

(1) 代码提示插件：包括 HTML Snippets 插件(完整的 HTML 代码提示)、HTML CSS Support 插件(智能提示 CSS 样式)、IntelliSense for CSS class names in HTML 插件等。

(2) 代码格式及显示效果插件：包括 Beautify 插件(格式化代码工具)、Guides 插件(显示代码对齐辅助线)、Rainbow Brackets 插件(为圆括号、方括号和大括号提供彩虹色)等。

2. 实时预览开发的网页或项目效果的插件

实时预览开发的网页或项目效果的插件有如下两款：

(1) View In Browser 插件。安装该插件后，在文件资源管理器中右键单击 HTML 文件，会出现"View In Browser"选项，单击该选项就可以打开浏览器预览 HTML 文件。

(2) Live Server 插件。Live Server 插件是一个具有实时加载功能的小型服务器，用于本地开发搭建临时的服务，可实时查看开发的网页或项目效果，具有修改文件后浏览器自动刷新的功能。安装该插件后，在文件资源管理器中右键单击 HTML 文件，会出现"Open with Live Server"选项，单击该选项就可以打开浏览器预览 HTML 文件。

3. Vue 插件

Vue 插件包括 Vue VS Code Snippets 插件、Vetur 插件(语法高亮、智能感知、Emmet、Vue 提示等)、JavaScript (ES6) Code Snippets 插件、ESLint 插件(代码规范提示)、VueHelper 插件(Snippets 代码片段)、Prettier 插件(代码规范性插件)等。

1.5　VS Code 常用的快捷操作

1. 常用快捷键

VS Code 常用快捷键如表 1-1 所示。

表 1-1　VS Code 常用快捷键

快 捷 键	功 能
Ctrl + Shift + Enter	上方插入一行
Ctrl + Enter	下方插入一行
Alt + ↑	将代码向上移动
Alt + ↓	将代码向下移动
Shift + Alt + ↑	向上复制代码
Shift + Alt + ↓	向下复制代码
Ctrl + /	行注释
Ctrl + K + U	删除行注释
Alt + Shift + A	块注释
Ctrl + G 输入行号	行跳转
Ctrl + B	显示/隐藏侧边栏
Ctrl + F	文件内查找

VS Code 提供了键盘快捷方式文档，打开该文档可以查看到 VS Code 提供的快捷键。文档打开步骤如图 1-8 所示。

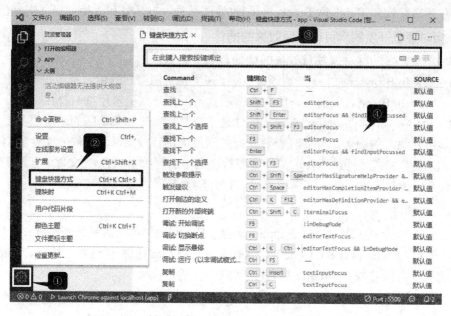

图 1-8　打开键盘快捷方式文档步骤

也可按下快捷键快速打开键盘快捷方式文档，操作方法是先按住 Ctrl + K 键，再按下 S 键。

2. VS Code 多光标操作

当需要在不同列上实现多个光标操作时，可先按住 Alt 键，然后用鼠标单击需要光标的位置，鼠标单击之处就会出现一个光标。

当需要在同一列上实现多个光标操作时，可先用鼠标单击第一行需要光标的位置，然后按住 Alt + Shift 键，接着用鼠标单击最后一行需要光标的位置。

撤销多光标操作时，按 Esc 键或用鼠标单击任意位置即可。

3. 命令面板

命名面板中可以执行各种命令，包括 VS Code 编辑器自带的功能和插件提供的功能。命令面板是 VS Code 快捷键的主要交互界面，可以使用 F1 键或者 Ctrl + Shift + P 快捷键打开。在命令面板中可以输入命令进行搜索(中英文都可以)，然后执行。

例如设置编辑器颜色主题，可按 Ctrl + Shift + P 快捷键打开命令面板，在命令面板输入框中输入"主题"，有关"主题"的命令将显示在如图 1-9 所示的列表中。

图 1-9　命令面板

在图 1-9 中，选择"首选项：颜色主题"选项，进入颜色主题列表，如图 1-10 所示，按上下箭头键可预览各颜色主题的效果，按回车键可应用该主题。

图 1-10　设置颜色主题面板

第 2 章　Vue 项目开发中常用的 ES6 语法

ECMAScript6.0(简称 ES6)是 Java Script 语言的下一代标准，已经在 2015 年 6 月正式发布。ES6 解决了 ES5 语法中存在的一些问题，使用上相对 ES5 来说简单些。ES6 的目标是使 JavaScript 语言可以用米编写复杂的大型应用程序，成为企业级的开发语言。ES6 在流行的前端开发框架中使用较多，本章主要介绍 Vue 开发中经常用到的一些语法。更详细的 ES6 语法，请读者自行寻找相关资料进行学习。

2.1　变量、常量声明

1. let 命令

ES6 新增了 let 命令，用来声明变量。与用 var 声明变量相比，用 let 声明变量有如下特点。

(1) 不允许重复声明。

let 命令不允许在相同作用域内重复声明同一个变量。

示例 2-1　代码如下：

```
let a = 100;

let a = 200;

console.log(a);
```

运行上述代码，运行到"let a = 200;"时，命令行输出如下错误信息：

```
Uncaught SyntaxError: Identifier 'a' has already been declared
```

(2) 不存在变量提升。

用 let 命令所声明的变量，变量使用时遵循"先定义，后使用"的原则。

示例 2-2　代码如下：

```
console.log(b);

let b = 300;
```

运行上述代码，运行到"console.log(b);"时，命令行输出如下错误信息：

```
Uncaught ReferenceError: Cannot access 'b' before initialization
```

用 var 声明的变量，可以在声明之前使用该变量，值为 undefined，不会报错；而用 let 命令所声明的变量一定要在声明后使用，否则会报错。

(3) 块级作用。

ES5 中只有全局作用域和函数作用域，而 ES6 中新增了块作用域。

示例 2-3　代码如下：

```
{
    let c = 400;
    console.log(c);
}
console.log(c);
```

运行上述代码，运行到最后一条"console.log(c);"时，命令行输出如下错误信息：

```
Uncaught ReferenceError:c is not defined
```

用 let 命令所声明的变量，只在 let 命令所在的代码块内有效。

(4) 暂时性死区。

示例 2-4　代码如下：

```
var d = 500;
if (true) {
    d = 600;
    let d;
}
```

运行上述代码，运行到 if 语句块中的"d = 600;"时命，令行输出如下错误信息：

```
Uncaught ReferenceError: Cannot access 'd' before initialization
```

在 ES6 规范中，如果区块中存在 let 命令，这个区块对 let 命令声明的变量，从该区开始就形成了封闭作用域。凡是在声明之前使用这些变量，就会报错。这在语法上称为"暂时性死区"。let 声明的变量由代码块划分作用域，不会影响全局变量；而 var 声明的变量由函数划分作用域。

(5) let 命令与 for 语句。

示例 2-5　代码如下：

```
for (let i = 0; i < 3; i++) {
    console.log(i);
}
console.log(i);
```

运行上述代码，控制台输出：

```
0
1
2
```

运行到最后一条"console.log(i);"语句时，命令行输出如下错误信息：

```
Uncaught ReferenceError: i is not defined
```

可见，在 for 语句的条件表达式中，用 let 命令定义的变量，作用域在 for 语句范围内。

示例 2-6　代码如下：

```
for (let i = 0; i < 3; i++) {
    let i = 100;
    console.log(i);
}
```

运行上述代码，控制台输出：

```
100
100
100
```

在 for 语句条件表达式中定义的变量与在循环体中定义的变量不在同一作用域，设置循环变量的部分是一个父作用域，而循环体内部是一个单独的子作用域。

示例 2-7　代码如下：

```
var a = [];
for (let i = 0; i < 3; i++) {
    a[i] = function() {
        console.log(i);
    };
}
a[0]();
a[1]();
a[2]();
```

此示例在 for 循环语句中定义了三个函数 a[0]、a[1]、a[2]，接着调用函数 a[0]、a[1]、a[2]，控制台输出：

```
0
1
2
```

因为变量 i 是 let 声明的，当前的 i 只在本轮循环有效，所以每一次循环的 i 其实都是一个新的变量。

2. const 命令

const 命令用来声明一个只读的常量，一旦声明，值就不能改变。const 命令的使用特性与 let 命令的使用特性一样。

示例 2-8　代码如下：

```
const e = 3.14;
console.log(e);
e = 700;
console.log(e);
```

运行上述代码，控制台输出：

3.14

Uncaught TypeError: Assignment to constant variable.

可见，用 const 声明的量，只能读它的值，不能改写它的值。

2.2　变量的解构赋值

变量的解构赋值是指按照一定的模式，从数组和对象中提取值，以及对变量进行赋值。

1. 数组的解构赋值

数组的解构赋值是从数组中提取值，按照对应位置对变量赋值。

示例 2-9　代码如下：

```
let [a, b, c] = [1, 2, 3];
console.log(a);
console.log(b);
console.log(c);
```

运行上述代码，控制台输出：

```
1
2
3
```

该示例中，let [a, b, c] = [1, 2, 3]，左右两边数组元素的个数相等，每个变量都有赋值，此语句实现从数组[1, 2, 3]中依次提取数值，并依次对对应位置的变量 a，b，c 赋值，效果等价于：

```
let a = 1;
let b = 2;
let c = 3;
```

示例 2-10　代码如下：

```
let [a,b] = [1, 2, 3];
console.log(a);
console.log(b);
```

运行上述代码，控制台输出：

```
1
2
```

该示例中，let [a,b] = [1, 2, 3]，右边数组的元素个数大于左边变量的个数，此语句仍能实现对变量 a，b 赋值，值分别为 1，2。

示例 2-11　代码如下：

```
let [a,b,c] = [1, 2];
  console.log(a);
```

```
console.log(b);

console.log(c);
```

运行上述代码，控制台输出：

　1

　2

　undefined

该示例是右边数组元素的个数少于左边变量的个数，此语句仍能实现对前两个变量 a，b 赋值，值分别为 1，2，变量 c 在数组没有值可取，其值为 undefined。

示例 2-12　代码如下：

```
let [a,b,...rest] = [1,2,3,4,5];

console.log(a, b, rest);
```

运行上述代码，控制台输出：

　1　2　[3,4,5]

rest 变量前加了(…)扩展运算符。扩展运算符与解构赋值结合起来，生成 rest 数组。

2. 对象的解构赋值

在对象的解构赋值中，因为对象的属性没有次序，所以变量名必须与属性名同名，才能在对象中取到值。

示例 2-13　代码如下：

```
let { id, name, tel } = { id: '001', tel:'888888', name: 'tom' };

console.log(id);

console.log(name);

console.log(tel);
```

运行上述代码，控制台输出：

　001

　tom

　888888

可以看到，变量名与属性名同名时可以赋值；不同名时，无法赋值。

示例 2-14　代码如下：

```
let { id, name, tel } = { id: '001', name: 'tom' };

console.log(id);

console.log(name);

console.log(tel);
```

运行上述代码，控制台输出：

　001

　tom

　undefined

变量 tel 在右边的对象中没有对应的属性名，值为 undefined。

2.3　rest 参数

rest 参数也称不定参数或剩余参数，其形式为"…变量名"，用于获取函数或数组解构赋值中的多余参数。

示例 2-15　代码如下：

```
var [a,b,...c] = [1,2,3,4,5];
console.log(c);
```

运行上述代码，控制台输出：

```
[3,4,5]
```

示例中变量 c 输出[3,4,5]，即后续的剩余参数。rest 参数只能出现在定义变量的最后，而不能出现在其他位置。

示例 2-16　rest 参数在函数中的使用示例代码如下：

```
function fn1(a,b,...c) {
    console.log(c);
}
fn1(1,2,3,4,5);
```

运行上述代码，控制台输出：

```
[3,4,5]
```

示例中调用 fn1 时传入了 5 个实参，前两个分别赋值给形参 a 和 b，剩余的实参以数组的形式存放在 c 中，所以示例中调用 fn1 输出[3,4,5]。

2.4　箭 头 函 数

ES6 允许使用箭头"=>"来定义函数，箭头函数省略了关键字 function，这种写法更简洁了。其语法如下：

```
(参数 1，参数 2,…,参数 n) =>{函数体}
```

"=>"前面的部分是函数的参数，"=>"后面的部分是函数体的代码块。

说明：

(1) 当参数列表只有一个参数时，参数列表的圆括号可以省略，但其他情况必须不能省略。例如：

```
let sum = (num1) =>{console.log(num1)};
```

可以简写为：

```
let sum = num1 =>{console.log(num1)};
```

(2) 当函数体只有一条 return 语句时，可省略花括号和 return 关键字。例如：

```
let sum = (num1, num2) =>{return num1 + num2};
```

可以简写成：

```
let sum = (num1, num2) => num1 + num2;
```

（3）如果箭头函数直接返回一个对象，必须在对象外面加上括号，否则会报错。例如：

```
let stu = () =>({id:001,name:'tom'});
```

箭头函数与普通函数除在写法上有区别外，功能上也有一些需要注意的方面。箭头函数有如下几个使用注意点。

（1）函数体内的 this 对象就是定义时所在的对象，而不是使用时所在的对象。

示例 2-17　代码如下：

```
document.onclick = function() {
    setTimeout(function() {
        console.log(this);
    }, 1000);
};
```

运行上述代码，在浏览器页面上任意位置单击，控制台输出的是"Window"对象，而不是 document，因 setTimeout 是通过 Window 对象调用的。

示例 2-18　将示例 2-17 的函数改成箭头函数，代码如下：

```
document.onclick = function() {
    setTimeout(()=>{
        console.log(this);
    }, 1000);
};
```

运行上述代码，在浏览器页面上任意位置单击，控制台输出是"document"对象，因箭头函数是在 document 中定义的。

（2）不可以当作构造函数，也就是说，不可以使用 new 命令，否则会提示出错。

（3）不可以使用 arguments 对象，该对象在函数体内不存在，调用时会提示出错。

（4）在对象的方法中不建议使用箭头函数，如果使用了会导致一些问题。

2.5　模板字符串

ES6 中允许使用"｀"反引号(键盘左上角"~"键下的符号)创建模板字符串｀string｀，模板字符串是增强版的字符串，它不仅可以当作普通字符串使用，还有加强功能。模板字符串简化了对字符的拼接，代替了传统的使用单引号、双引号与"+"来拼接字符串。例如：

```
let template = `
<div>
<p>Copyright@2020 桂林电子科技大学北海校区</p>
<p>地址：广西北海市银海区南珠大道 9 号邮编：536000</p>
</div>
`;
```

模板字符串可以在字符串中嵌入变量，在 `` 中可以使用 ${var} 直接把变量和字符串拼接起来。模板字符串中，${var}是变量的占位符。

示例 2-19　代码如下：

```
let area = "海城区";
let sqlStr = ` select * from userinfo where areadd='${area}' `;
console.log(sqlStr);
```

运行上述代码，控制台输出：

```
select * from userinfo where areadd='海城区'
```

2.6　Module 的语法

ES6 实现了 Module(模块)功能，可以将一个大程序拆分成互相依赖的模块，以适应大型的、复杂的项目的开发。ES6 模块功能的实现主要使用 export 命令和 import 命令，export 命令用于规定模块的对外接口，import 命令用于输入其他模块提供的功能。

一个模块就是一个独立的文件，该文件内部的所有数据，外部无法直接获取到，该模块也无法使用其他模块中的数据。如果该模块主动输出，外部模块就可以获取该模块输出的数据，则该模块必须使用 export 命令定义对外接口，导出该数据；如要该模块使用其他模块中的数据，则可使用 import 命令导入其他模块提供的数据。导出与导入有如下三种写法，示例如表 2-1 所示。

1) 第一种写法

第一种写法是在定义变量时直接导出，即在定义变量的前面加上 export 命令。导入时使用命令：

```
import {变量 1，变量 2，... }　from 模块标识符
```

2) 第二种写法

第二种写法是使用一条 export 命令一次输出多个已定义好的变量，语法：

```
export {  变量 1，变量 2，...}
```

导入时使用命令：

```
import {变量 1，变量 2，... }　from 模块标识符
```

第一种、第二种写法中，导入的变量名与导出的变量名要一致，可以用 as 关键字给导入的变量名起别名，导入的变量个数不能多于导出的变量个数。每个模块中，可以多次使用 export 命令导出。

3) 第三种写法

上述两种方法在导入时需要知道导出的变量名或函数名，否则无法导入，而用 export default 默认导出。export default 命令可直接输出一个对象，导入时用一个对象来接收即可。导入时使用命令：

```
import 对象名　from 模块标识符
```

每个模块中，只允许使用一次 export default 命令，否则会报错。

表 2-1　export 和 import 命令示例表

导出与导入三种写法	导出模块(exp.js)	导入模块(imp.js)

第一种写法	export var a = 123;
	export function b() {
	　　console.log("hello world");
	}
		import {a,b} from '/exp.js'
		console.log(a);
		b();

第二种写法	var a = 123;
	function b() {
	　　console.log("hello world");
	}
	export {a,b};
		(1) 同上；
		(2) 给变量起别名写法：
		import {a,b as c} from './exp.js'
		console.log(a);
		c();

第三种写法	export default {
	　　a : 123,
	b: function () {
	　　console.log("hello world")
	}
	}
		import c from '/exp.js'
		console.log(c.a);
		c.b();

注：示例中两个模块文件(exp.js，imp.js)都在同一个文件夹下。

2.7　Promise 的基本用法

Promise 对象用于异步操作，异步调用结果如果存在依赖则需要嵌套，层层嵌套形成回调"地狱"，Promise 可以把回调"地狱"拉成一个从上往下的执行队列。

Promise 对象是一个构造函数，用于生成 Promise 实例对象。Promise 的语法格式如下：

```
var p = new Promise(function (resolve, reject) {
    //这里处理异步任务
    //异步操作成功时调用
    resolve("成功的数据" )
    //异步操作失败时调用
    reject("报错信息")
});
p.then(function(res) {
//从 resolve 得到正常的结果
},function(res) {
从 reject 得到报错信息
})
```

实例化 Promise 对象时，构造函数中传递一个函数作为参数，该函数用于处理异步任务，其参数 resolve 和 reject 也是函数，用于处理异步操作成功和失败两种情况。当异步操作成功时调用 resolve 函数，并将异步操作的结果作为参数传递出去；当异步操作失败时调用 reject 函数，并将异步操作的报错信息作为参数传递出去。

　　Promise 实例对象的 then 方法接收两个回调函数作为参数，第二个回调函数可选。两个回调函数都接收 Promise 实例对象传出的值作为参数，第一个回调函数在异步操作成功时调用，第二个回调函数在异步操作失败时调用。then 参数中的函数返回值，如返回的是该实例对象，则会调用下一个 then；如返回的是普通值，则会直接传递给下一个 then，并通过 then 参数中函数的参数接收该值。

　　示例 2-20　代码如下：

```
var p = new Promise(function(resolve,reject){
//这里处理异步任务
//在此以延时定时器模拟一个异步处理的任务
    setTimeout(function(){
    var flag = false;
    if(flag){
        //异步操作成功
        resolve("成功的数据");
    }else{
        //异步操作失败
        reject("失败的数据")
    }
    },100);
});
p.then(function(res){
    console.log(res);
},function(res){
    console.log(res);
})
```

运行程序，在控制台输出如下信息：

```
失败的数据
```

Promise 实例对象常用方法除了 then 方法外，还有 catch、finally 方法。then 方法得到异步任务的正确结果，在异步任务成功处理时执行；catch 方法获取异常信息，在异步任务处理失败时执行；finally 方法是异步任务处理成功与否都会执行。

　　示例 2-21　代码如下：

```
new Promise(function(resolve,reject){
    setTimeout(function(){
        var flag = true;
        if(flag){
            resolve("成功的数据");
        }else{
```

```
                    reject("报错信息")
                }
            },100);
    })
    .then(function(data){
        console.log(data);
    })
    .catch(function(data){
        console.log(data);
    })
    .finally(function(){
        console.log('结束');
    })
```

运行程序，在控制台输出如下信息：

成功的数据

结束

第 3 章　Vue 入门

Vue 是渐进式 JavaScript 框架，Vue 的渐进式开发理论和繁荣的生态圈提供了大量的最佳实践。使用 Vue 可以更快、更高效地开发项目，因此它被广泛地应用于 Web 端、移动端、跨平台应用开发，使用场景广泛。

3.1　Vue 框架的优点

Vue 框架主要有以下三个优点。

1. 易用

只要掌握了 HTML、CSS、JavaScript，就能轻松学习 Vue。Vue 生态丰富，市场上有大量成熟、稳定的基于 Vue 的 UI 框架、常用组件，可以直接使用。

2. 灵活

Vue 是渐进式 JavaScript 框架，可以由浅到深、由简单到复杂以逐步前进的方式来使用 Vue；可以在现有的架构上不进行大的改动或不改动来引用该框架，从而完全兼容之前所写的代码；可以使用框架的一部分，也可以在一个库和一套完整框架之间自如伸缩，还可以使用相关生态、相关扩展。

3. 高效

Vue 基于虚拟 DOM，一种可以预先通过 JavaScript 进行各种计算，把最终的 DOM 操作计算出来并优化的技术(这里的 DOM 操作属于预处理操作，并没有真实地操作 DOM，所以称做虚拟 DOM)。

3.2　Vue 高效开发示例分析

示例 3-1　利用原生 JavaScript 来实现每单击一次按钮，文本框的值加 1。代码如下：

```
1  <!doctype html>
2  <html>
3  <head>
4  <meta charset="utf-8">
```

```
5  <title>JavaScript 实现加 1</title>
6  </head>
7  <body>
8    <input id="count" type="text"/>
9    <input id="add" type="button" value="加 1"/>
10 </body>
11 <script>
12     var count=0;
13     var oBtn=document.getElementById("add");
14     var oCount=document.getElementById("count");
15     oBtn.onclick=function(){
16            count++;
17            oCount.value=count;
18     };
19 </script>
20 </html>
```

代码分析：

(1) 程序的第 13、14 行：首先找到 DOM 元素文本框和按钮。

(2) 程序的第 15 行：在 DOM 元素按钮上绑定一个单击事件。

(3) 程序的第 16 行：在事件处理函数(回调函数)中改变数据 count 的值。

(4) 程序的第 17 行：把数据 count 映射到视图文本框里显示。

示例 3-2　例 3-1 用 Vue 来实现，代码如下：

```
1  <!doctype html>
2  <html>
3  <head>
4  <meta charset="utf-8">
5  <title>Vue 实现加 1</title>
6  <script src="js/vue.js"></script>
7  </head>
8  <body>
9  <div id="app">
10   <input id="count" type="text" v-model="count"/>
11   <input id="add" type="button" value="加 1" v-on:click="add"/
12 </div>
13 </body>
14 <script>
15     var m={count:e};
16     var vm = new Vue({
17             el: '#app',
```

```
18          data:m,
19          methods:{
20           add: function(){
21              this.count++
22           }
23          }
24      });
25  </script>
26  </html>
```

与用原生 JavaScript 实现相比，用 Vue 来实现分析如下：

(1) 不需要找到 DOM 元素文本框和按钮。

(2) 代码第 11 行中的"v-on:click="add"": 把事件直接绑定到 DOM 元素上。

(3) 代码的第 16 行：在事件处理函数(回调函数)中改变数据 count 的值。

(4) 代码第 10 行中的"v-model="count"": 把数据 count 绑定到文本框。一旦数据 count 的值被更改，视图文本框里显示的值会立即更新，而不需要手动把数据 count 映射到视图文本框里显示。

从这两个示例对比分析中可以看到 Vue 开发的一些优势：

(1) 用 Vue 实现数据更改不需要手动把更新的数据映射到视图上。这种响应式的更新机制，Vue 在底层已经做了。Vue 是采用数据驱动的框架，无需知道数据变化之后是如何映射到视图上的，程序员关注的点是数据如何变化。Vue 是面向数据的编程思想，可提高开发效率。

(2) 代码量少。不需要用 DOM 的 API 找到元素，数据更改也不需要手动映射到视图，Vue 的核心是一个允许采用简洁的模板语法来声明式地将数据渲染进 DOM 的系统。

3.3　Vue 实现数据驱动

Vue 是基于 MVVM 模式实现的一套框架。MVVM 模式是前端视图层的分层开发思想，主要把每个页面分成 Model、View、ViewModel 三部分，简写为 M、V、VM。

M(Model)：数据模型，即数据，指的是 JavaScript 中的数据，如对象、数组等，或从后端获取到的数据列表。Model 是与应用程序业务逻辑相关的数据封装载体，Model 并不关心会被如何显示或操作，所以也不会包含任何与界面显示相关的逻辑。

V(View)：页面中的 HTML 结构，它负责将数据模型转化成 UI 展现出来。

VM(ViewModel)：View 和 Model 之间的调度者，是同步 View 和 Model 的 Vue 实例对象。

MVVM 模式概括如图 3-1 所示。

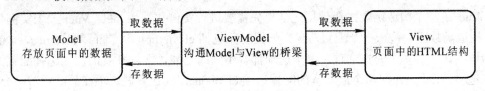

图 3-1　MVVM 模式

在 MVVM 架构下，View 和 Model 之间并没有直接的联系，而是通过 ViewModel 进行交互的。Model 和 ViewModel 之间的交互是双向的，因此 View 数据的变化会同步到 Model 中，而 Model 数据的变化也会立即反映到 View 上。ViewModel 通过双向数据绑定把 View 层和 Model 层连接起来，从而保证了视图和数据的一致性。

因此开发者只需关注业务逻辑，不需要手动操作 DOM，也不需要关注数据状态的同步问题，复杂的数据状态维护完全由 MVVM 来统一管理。这种轻量级的架构使前端开发更加高效、便捷。

3.4　下载及安装 Vue

1. 下载 Vue.js

可登录 https://cn.vuejs.org/v2/guide/installation.html 下载开发版本。

2. Vue.js 的引入(安装)

Vue.js 通过<script>标签引入，例如：

```
<script src="js/vue.js"></script>
```

可以在控制台输入命令

```
console.log(Vue);
```

测试是否引入成功。如控制台输出如下代码，说明引入成功。

```
f Vue (options) {
    if (!(this instanceof Vue)
    ) {
        warn('Vue is a constructor and should be called with the `new` keyword');
    }
    this._init(options);
}
```

在页面中引入 Vue.js 后，在浏览器的内存中就多了一个 Vue 构造函数，之后就可以创建 Vue 的实例对象。

3.5　Vue 开发

3.5.1　实例化 Vue

Vue 是一个构造函数，在使用之前首先需要进行实例化，用 new Vue({})来实例化。Vue 构造函数要求传入一个配置对象，配置对象包括 el、template、data、methods、watch、生命周期钩子等多个属性选项，每个选项都有不同的功能，根据开发的需求选择配置这些属性选项。在此先介绍两个最基本的配置选项 el 和 data，其他属性选项在后续章节中介绍。

```
var vm=new Vue({
```

```
        el:'#app',      //当前 Vue 实例要控制页面上的一块区域
        data:{},        //存放 Vue 实例控制页面区域中要用到的数据
    })
```

1) el 配置选项说明

当前 Vue 实例要控制页面上的一块区域，即 DOM 容器(就是 MVVM 模式中的 View)，并通过页面块区域的 id 与 Vue 实例相关起来。

el 接收两种类型的值，一种是 CSS 选择器，用字符串类型表示，如该 DOM 容器 id="app"，则有 el:'#app'；另一种是 HTML Element 实例，如 el:document. getElementById ('app')。

2) data 配置选项说明

data 配置选项是用来存放 Vue 实例控制页面区域(就是 MVVM 模式中的 View)中要用到的数据。data 就是 MVVM 模式中的数据模型 Model。

3.5.2　Vue 的开发步骤

使用 Vue 开发程序，分以下三步：

(1) 导入 Vue 的包。

(2) 准备 DOM 容器。

(3) 创建 Vue 实例对象。

示例 3-3　使用 Vue 开发的基本程序代码如下：

```html
<!doctype html>
<html>
<head>
<meta charset="utf-8">
<title>hello world</title>
<!--1、导入 Vue 的包-->
<script src="js/vue.js"></script>
</head>
<body>
<!--2、准备一个 dom 容器，用于挂载 Vue 实例-->
<div id="app">
        <h1>hello {{text}}</h1>
</div>
{{text}}
<script>
//3、创建一个 Vue 实例对象
    var m={text:"world"};
    new Vue({
        el:'#app',
        data:m
```

```
        }
    })
</script>
</body>
</html>
```

在浏览器中运行，效果如图 3-2 所示。

图 3-2　运行效果

该示例中"#app"元素是 DOM 容器，该容器的子元素"<h1>hello {{text}}</h1>"中的"{{text}}"表达式被编译，显示 Vue 实例中的数据 data 中的 text 属性的值，而示例中写在"#app"元素外面的"{{text}}"表达式没有被编译，只显示原字符{{text}}。Vue 数据对视图的操作需要在容器里进行，el 定义了容器的根节点，而 Vue 数据对视图的操作要在该节点内进行，操作的元素必须是该根节点的子元素。

在一个程序里，可以创建多个 Vue 实例，也可以创建多个 DOM 容器，一个 Vue 实例对应一个容器。

从示例 3-3 中可以清楚地看到 Vue 开发中 MVVM 模型的代码实现，如图 3-3 所示。

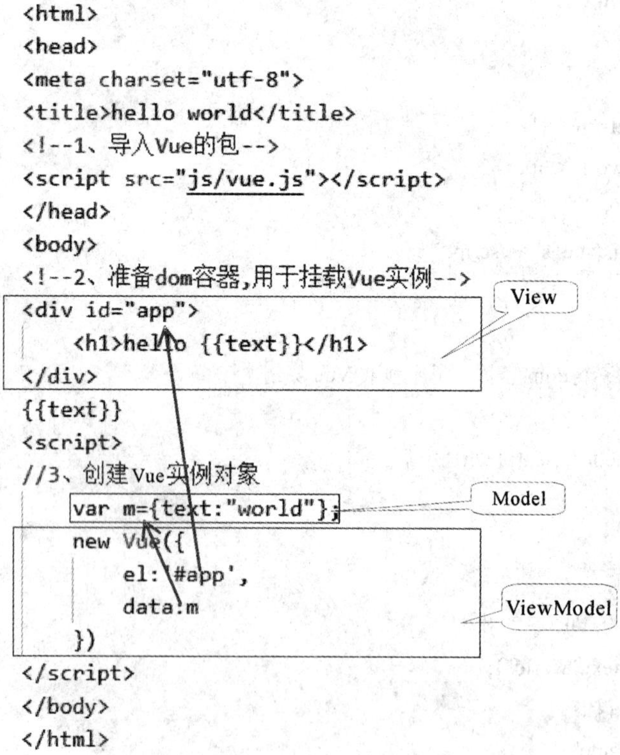

```
<html>
<head>
<meta charset="utf-8">
<title>hello world</title>
<!--1、导入Vue的包-->
<script src="js/vue.js"></script>
</head>
<body>
<!--2、准备dom容器,用于挂载Vue实例-->
<div id="app">                                          View
    <h1>hello {{text}}</h1>
</div>
{{text}}
<script>
//3、创建Vue实例对象
    var m={text:"world"};                               Model
    new Vue({
        el:'#app',
        data:m                                          ViewModel
    })
</script>
</body>
</html>
```

图 3-3　MVVM 模型的代码实现

3.6　Vue 的调试工具

浏览器是开发和调试 Web 项目的工具，本书使用 Chrome 浏览器来讲解 Vue 的调试工具。Vue Devtools 用于调试 Vue 应用，它是一款基于 Chrome 浏览器的扩展，配置 Chrome 浏览器的扩展程序即可使用。

3.6.1　Vue Devtools 工具的安装步骤

此处介绍本地安装 Vue Devtools，步骤如下：

(1) 解压 Vue Devtools.zip(本书配置资料中有提供)。

(2) 打开 Chrome 浏览器，单击右上角 ⋮ 按钮，打开菜单。

(3) 在菜单中单击选择->更多工具->扩展程序选项，弹出扩展程序页面，如图 3-4 所示。

图 3-4　扩展程序页面

(4) 在扩展程序页面右上角打开"开发者模式"，在左上角单击"加载已解压的扩展程序"按钮，此时会弹出选择扩展程序目录界面，在该界面中选择 Vue Devtools 所在目录。配置完成后，就会在浏览器中显示 Vue Devtools 工具的信息。Vue Devtools 安装成功后，在 Chrome 调试状态下的工具栏中就会出现 Vue 选项。

3.6.2　Vue Devtools 工具的使用

在 Chrome 浏览器中运行示例 3-1，打开开发者工具，在工具栏中选中 Vue 选项，界面如图 3-5 所示。在 Vue Devtools 界面中单击"Root"根实例，可显示该实例的 data。在图 3-5 所示页面上单击"加 1"按钮，count 值跟着变化。Vue 是数据驱动的，Vue Devtools 界面中能看到对应数据的变化，从而可方便进行调试。

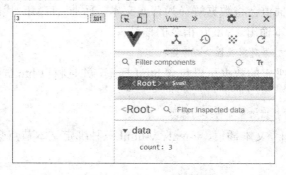

图 3-5　Vue Devtools 界面

Vue Devtools 工具可以展示出各个组件的层级结构、组件当前的状态等，具体应用后续章节有介绍。

第 4 章　Vue 指令

Vue 是基于 MVVM 模式实现的一套框架，复杂的数据状态维护完全由 MVVM 来统一管理，因此开发者只需关注业务逻辑，不需要手动操作 DOM，也不需要关注数据状态的同步问题。通过 Vue 提供的指令，可以很方便地把数据渲染到页面上，程序员不再手动操作 DOM 元素。

在 Vue 中，以 v-开头的属性称为指令，被称为指令的新属性用以扩展 HTML。指令是对 DOM 的增强，可以用来操作 DOM。Vue.js 共有 14 条指令，现介绍如下。

4.1　数　据　绑　定

4.1.1　文 本 节 点 绑 定

HTML 结构中的文本节点用于显示页面的文字内容，动态变化的文本用 v-text、v-html 指令来渲染。数据绑定最常见的形式是使用 "Mustache" 语法 "{{　}}" 的文本插值，其语法为：

```
<标签>{{数据对象属性}}</标签>
```

{{数据对象属性}}会被渲染为对应数据对象属性的值。无论何时，绑定的数据对象该属性的值发生了改变，插值处的内容都会更新。

"{{　}}" 文本插值会将数据解释为普通文本，而非 HTML 代码，而 v-text 指令绑定的数据也作为纯文本输出。v-text 指令的语法：

```
<标签 v-text ="数据对象属性"></标签>
```

v-html 指令方式绑定的数据可以包含 html 标签，并且将以 html 标记的方式渲染出来。v-html 指令的语法：

```
<标签 v-html="数据对象属性"></标签>
```

示例 4-1 "{{　}}" 文本插值、v-text、v-html 三种绑定文本节点数据的示例代码如下：

```
<!doctype html>
<html>
<head>
<meta charset="utf-8">
```

```
    <title>文本节点绑定</title>
    <!-- 1、导入 Vue 的包 -->
    <script src="js/vue.js"></script>
</head>
<body>
<!--2、准备一个 DOM 容器-->
    <div id="app">
        <p>hello {{text}}</p>
        <p v-text="text">hello</p>
        <p v-html="text">hello</p>
        <p>hello {{text1}}</p>
        <p v-text="text1">hello</p>
        <p v-html="text1">hello</p>
    </div>
<script>
//3、创建一个 Vue 实例对象
    var m={
        text:"world!",
        text1:"<strong>world!</strong>"
    }
    new Vue({
        el:'#app',
        data:m
    })
</script>
</body>
</html>
```

在浏览器中运行以上代码，浏览器中显示 6 行信息，代码与显示信息的对应关系如图 4-1 所示。

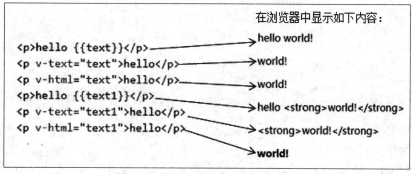

图 4-1　代码与显示信息的对应关系

从此示例分析"{{　}}"文本插值、v-text、v-html 三种方式之间的区别：

1) "{{　}}" 文本插值的特殊之处

"{{　}}" 文本插值只影响插值所在位置的文本，而不是重写整个文本节点的内容，而 v-text 和 v-html 将重写整个文本节点的内容。示例中 "<p>hello {{text}}</p>" 渲染出的是 "hello world!"，而 "<p v-text="text">hello</p>" "<p v-html="text">hello</p>" 渲染出的是 "world!"。

2) v-html 方式的特殊之处

v-html 方式绑定的文本可以包含 html 标签，并且将以 html 标记的方式渲染出来，而其他两者仅仅是将包含的 html 标签以普通文本的方式进行显现。示例中 "<p>hello {{text1}}</p>" 渲染出的是 "hello world!"，而 "<p v-text="text1">hello</p>" 渲染出的是 "world!"。

3) "{{　}}" 文本插值与 v-text 指令对比

在网络延迟较为严重时，"{{　}}" 文本插值方式会首先将插值表达式以文本的方式渲染出来，要等到 JavaScript 脚本加载后，重新显现出所绑定的文本内容；而 v-text 方式在 JavaScript 脚本未加载出的情况下什么都不会显现。

示例 4-2　代码如下：

```
<style>
    [v-cloak] {
        display:none;
    }
<!style>
<body>
    <div id="app">
        <p>hello {{text}}</p>
        <p v-text="text">hello</p>
    </div>
    <script src="js/vue.js"></script>
    <script>
        var m={
            text:"world!",
        }
        new Vue({
            el:'#app',
            data:m
        })
    </script>
</body>
```

在 VS Code 中用 "Live Server" 运行该页面，在浏览器中调出开发者工具并切换到 "Network" 界面，选择 "Slow 3G" 选项，模拟在网络延迟中的效果，如图 4-2 所示。

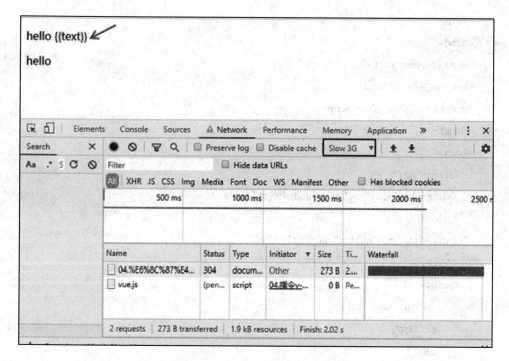

图 4-2 模拟在网络延迟中的效果

为解决插值表达式闪烁的问题，可以使用 v-cloak 指令，并结合 display 样式。可以先隐藏 Mustache 模板表达式，直到获得数据才显示。示例 4-2 修改如下：

```
<style>
    [v-cloak]{
        display: none;
    }
</style>
<body>
    <div id="app">
        <p v-cloak>hello {{text}}</p>
        <p v-text="text">hello</p>
    </div>
</body>
```

4.1.2 属性节点绑定

在 HTML 结构中除了文本节点，还有一种很重要的属性节点，即使用 v-bind 指令给属性绑定动态数据。其语法：

```
<标签 v-bind:属性名="表达式">
```

或简写成

```
<标签 : 属性名="表达式">
```

示例 4-3 通过 v-bind 动态绑定 img 标签的 src 和 alt 属性。

```
<!doctype html>
```

```
<html>
<head>
<meta charset="utf-8">
<title>属性绑定</title>
<script src="js/vue.js" ></script>
</head>
<body>
  <div id="app">
    <img v-bind:src="imgUrl" v-bind:alt="altText">
    <!-- 简写 -->
    <!-- <img :src="imgUrl" :alt="altText"> -->
  </div>
  <script>
      var vm = new Vue({
      el: '#app',
      data: {
        imgUrl: 'img/1.jpg',
        altText: '明星冬天都在反人类 上暖下凉真时髦',
      },
    });
      setTimeout(() => {
      vm.imgUrl = 'img/2.jpg';
      vm.altText = 'KENZO'
    }, 2000)
  </script>
</body>
</html>
```

更改属性 imgUrl、altText 的值，就可以动态修改 img 标签的 src 和 alt 属性值。

4.1.3　样式绑定

对于数据绑定，一个常见的需求是操作元素的 class 属性和它的内联样式 style 属性，可通过 v-bind 指令绑定 style、class 属性，实现动态改变样式。

1）绑定 class

给元素动态添加 class 属性，在元素标签中给 v-bind:class 属性传入一个对象，来动态切换 class，在对象中可以传入一个或多个属性来动态切换多个 class。其语法如下：

　　　　<标签 v-bind:class="{class 样式 1：数据对象属性 1,class 样式 2：数据对象属性 2,…}">

上面的语法表示 class 样式 1、class 样式 2 等能否绑定取决于数据对象属性值的真假。

示例 4-4　绑定 class 示例代码如下：

```html
<!doctype html>
<html>
<head>
<meta charset="utf-8">
<title>绑定 class 样式属性</title>
<script src="js/vue.js" ></script>
</head>
<body>
  <div id="app">
    <div
    class="txtset"
    v-bind:class="{bgset:isBg,borderset:isBorder,colorset:isColor}"
    style="width:150px; height:150px;" >hello Vue </div>
  </div>
<script type="text/javascript">
  var vm = new Vue({
    el : "#app",
    data : {
      isBg : true,
      isBorder : true,
      isColor :false
    }
  });
</script>
<style>
  .txtset{font-size:20px;text-align: center;line-height: 150px;}
  .bgset{background:red;}
  .borderset{border:solid blue 10px;}
  .colorset{ color: white;}
</style>
</body>
</html>
```

在浏览器中运行，效果如图 4-3 所示。

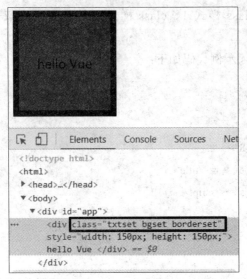

图 4-3　运行效果

如图 4-3 所示，所设置的 style 样式生效，设置的 class 样式除 colorset 设置的字体白色没有生效，其他都生效了。在浏览器中打开开发者工具，在 Elements 选项卡中找到 div 元素，可以看到 class="txtset bgset borderset"，只有这三个 class 样式绑定在该元素上。

示例中给 div 标签静态添加一个 class 属性 class="txtset"，"txtset"样式绑定在 div 元素上，通过 v-bind:class 动态地添加三个 class 样式，即 v-bind:class="{ bgset:isBg,borderset: isBorder,colorset:isColor}"，这三个 class 样式是否绑定在 div 标签上，取决于这三个 class 样式对应的 isBg、isBorder、isColor 数据属性的值是否为 true。因 isBg、isBorder 的值为 true，所以 bgset、borderset 绑定在 div 元素上，而 isColor 的值为 false，所以 colorset 没有绑定在 div 元素上。

从该示例中可以看出，v-bind:class 指令可以与普通的 class 属性共存，开发时静态样式用 class，动态样式用 v-bind:class 或:class。

v-bind:class 的值还支持数组形式，可以把一个数组传给 v-bind:class，来应用一个 class 列表。例如，v-bind:class="['bgset','borderset']"给元素静态绑定两个样式，如要某个 class 样式动态绑定，即根据条件来应用列表中的 class，可用三元运算方式来实现，如 v-bind:class="[isBg?'bgset':'' , isBorder?'borderset':'' , isColor?'colorset':'']"。

2) 绑定 style

给元素动态绑定 style 样式可用 v-bind:style 来实现，在元素标签中给 v-bind:style 属性传入一个对象，在对象中可以传入一个或多个属性来动态切换多个样式属性。其语法如下：

　　　　<标签 v-bind:style="{样式属性：数据对象属性|样式属性值，…}">

如要某个样式动态绑定，即根据条件应用对象中的样式，可用三元运算方式来实现。

示例 4-5　绑定 style 示例代码如下：

```
<!DOCTYPE html>
<html>
<head>
<meta charset="utf-8">
```

```
<title>绑定 style 样式属性</title>
<script src="js/vue.js" ></script>
</head>
<body>
  <div id="app">
    <div
    style="width:150px; height:150px;"
    v-bind:style="{border:bdSet, fontSize:'20px',background:isRed?redColor:"}" >
    hello Vue </div>
  </div>
<script type="text/javascript">
  var vm = new Vue({
    el : "#app",
    data : {
      bdSet:'solid blue 10px',
      redColor:'red',
      isRed:true
    }
  });
</script>
</body>
</html>
```

在浏览器中的运行效果及在开发者工具中的 Elements 选项卡中查看的样式绑定情况
如图 4-4 所示。

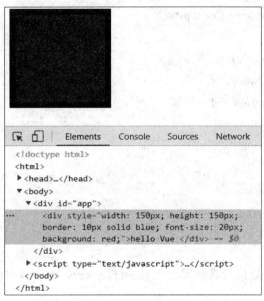

图 4-4　运行效果

v-bind:style 直接绑定一个样式对象通常会更好，这会让模板更加清晰。v-bind:style 的数组语法可以将多个样式对象应用到同一个元素上，如根据条件应用样式对象，可用三元运算方式来实现。

示例 4-6　绑定 style 示例代码如下：

```html
<!doctype html>
<html>
<head>
  <meta charset="utf-8">
  <title>绑定 style 样式属性</title>
  <script src="js/vue.js"></script>
</head>
<body>
  <div id="app">
    <div style="width:150px; height:150px;" v-bind:style="[styleObj,isActive?activeStyleObj:'']">
hello Vue </div>
  </div>
  <script type="text/javascript">
    var vm = new Vue({
      el: "#app",
      data: {
        styleObj: {
          textAlign: 'center',
          lineHeight: '150px',
          border: 'solid blue 10px'
        },
        activeStyleObj: {
          color: 'white',
          background: 'red'
        },
        isActive: true
      }
    });
  </script>
</body>
</html>
```

在浏览器中的运行效果及在开发者工具的 Elements 选项卡中查看的样式绑定情况如图 4-5 所示。

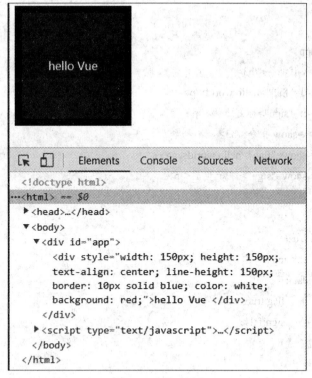

图 4-5　运行效果

4.1.4　条件渲染

条件渲染通过一定的逻辑判断，来确定视图中的 DOM 元素和组件是否参与到视图渲染，即该元素或组件是否显示在视图中。

1) v-if 指令和 v-show 指令

v-if 指令和 v-show 指令都能实现控制元素的显示隐藏。v-if 指令的语法：

　　v-if="表达式"

表达式的值是布尔值。v-if 指令用于条件性地渲染一块内容(一个或多个元素)，这块内容只会在指令的表达式返回 true 值时被渲染显示，为 false 时元素删除转为注释。

v-show 指令的使用方法与 v-if 指令的相同。其语法：

　　v-show="表达式"

表达式的值是布尔值。根据表达式的值(true/false)来显示或隐藏元素。

示例 4-7　v-if 指令和 v-show 指令示例代码如下：

```
1  <!doctype html>
2  <html>
3  <head>
4      <meta charset="utf-8">
5      <title>条件渲染</title>
6      <script src="js/vue.js" ></script>
```

```
7  </head>
8  <body>
9  <div id="app">
10     <h3>v-if 指令</h3>
11     <p v-if="flag">hello world</p>
12     <p v-if="sign">你好,世界</p>
13     <h3>v-show 指令</h3>
14     <p v-show="flag">hello world</p>
15     <p v-show="sign">你好,世界</p>
16 </div>
17 <script>
18     new Vue({
19         el:'#app',
20         data:{
21             flag:true,
22             sign:false
23         }
24     });
25 </script>
26 </body>
27 </html>
```

在浏览器中的运行效果及在开发者工具的 Elements 选项卡中查看元素 DOM 的情况如图 4-6 所示。

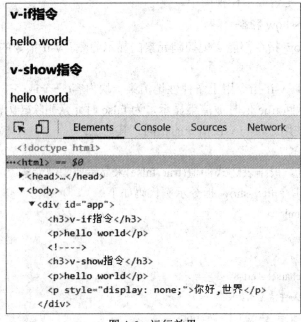

图 4-6   运行效果

　　分析：代码第 12 行的 p 元素用 v-if 控制渲染，v-if="sign"表达式的值为 false，所以该元素没有显示，在 DOM 树中也不存在该节点；代码第 15 行的 p 元素用 v-show 控制渲染，v-show="sign"表达式的值为 false，所以该元素也没有显示，但在 DOM 树中是存在该节点的，只是通过 CSS 样式属性 display:none 不显示该元素。

　　v-if 指令和 v-show 指令最主要的区别在于前者是增删 DOM，而后者只是控制 display 样式。因为 v-if 指令增删 DOM 节点，所以运行成本高，常用于初始化。若需要频繁切换显隐状态，则可以使用 v-show 指令，例如下拉菜单。

　　2) v-if、v-else-if 和 v-else 指令

　　v-else 指令表示 v-if 的"else 块"；v-else-if 充当 v-if 的"else-if 块"；v-if 与 v-else 应用在同级元素，否则会报错。

　　示例 4-8　v-if、v-else-if 和 v-else 指令示例代码如下：

```html
<!doctype html>
<html>
<head>
  <meta charset="utf-8">
  <title>条件渲染</title>
  <script src="js/vue.js"></script>
</head>
<body>
<div id="app">
  <h3>挂科否?</h3>
  <p v-if="pass">通过</p>
  <p v-else>挂科</p>
  <h3>成绩等级</h3>
  <p v-if="score>=90">优</p>
  <p v-else-if="score>=80">良</p>
  <p v-else-if="score>=70">中</p>
  <p v-else-if="score>=60">及格</p>
  <p v-else>不及格</p>
</div>
<script>
var vm=new Vue({
    el:'#app',
    data:{
        score:90,
        pass:false
    }
})
</script>
```

```
    </body>
    </html>
```

在浏览器中的运行效果及在开发者工具的 Elements 选项卡中查看元素 DOM 的情况如图 4-7 所示。

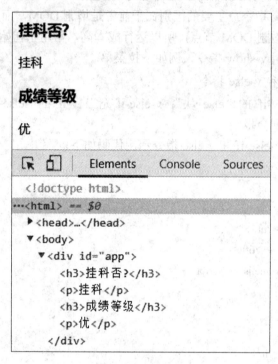

图 4-7　运行效果

Vue 会尽可能高效地渲染元素，它通常会复用已有元素而不是从头开始渲染。这么做除了使 Vue 变得非常快之外，还有其他一些好处。

示例 4-9　用户在不同登录方式之间切换的示例代码如下：

```
<!doctype html>
<html>
<head>
    <meta charset="utf-8">
    <title>条件渲染</title>
    <script src="js/vue.js" ></script>
</head>
<body>
<div id="app">
    <template v-if="loginType === 'username'">
        <label>用户名</label>
        <input placeholder="请输入用户名" >
    </template>
    <template v-else>
```

```
    <label>邮箱</label>
    <input placeholder="请输入 E-mail" >
    </template>
</div>
<script>
    var vm=new Vue({
    el:'#app',
    data:{
        loginType:'username'
    }
    });
</script>
</body>
</html>
```

<template>内置组件用来容纳一些 DOM 元素或组件。程序运行效果如图 4-8 所示。

用户名 请输入用户名

图 4-8　运行效果

在图 4-8 的文本框中输入 "tom"，在控制台更改 loginType 的值 vm.loginType="email"，效果如图 4-9 所示。

图 4-9　运行效果

loginType 的值改变后，v-if 的条件表达式为假，则执行 v-else 指令，但文本框中没有清除已经输入的内容，因为两个模板使用了相同的元素，<input>元素不会被替换掉，仅仅是替换了它的 placeholder 属性值。<label>元素也不会被替换掉，仅仅是替换了它的文本。Vue 会缓存同级元素相同的一个实例，而不会重新渲染。

Vue 提供了一种方式来表达 "这两个元素是完全独立的，不要复用它们"，只需添加一个具有唯一值的 key 属性即可。

例如，给示例 4-9 中的 input 元素添加 key 属性，代码如下：

```
<div id="app">
    <template v-if="loginType === 'username'">
        <label>用户名</label>
        <input placeholder="请输入用户名" key="username-input" >
    </template>
    <template v-else>
        <label>邮箱</label>
        <input placeholder="请输入E-mail" key="email-input" >
    </template>
</div>
```

运行程序，在框中输入"tom"，在控制台更改 loginType 的值 vm.loginType="email"，效果如图 4-10 所示。

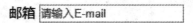

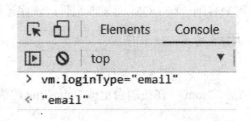

图 4-10　运行效果

可见，添加了 key 属性后，当更改 loginType 的值为"email"时，输入框都被重新渲染了。

4.1.5　列表渲染

列表渲染是用来输出一个循环的结构，把重复的元素一次性批量地输出到视图。

1) v-for 指令基于一个数组来渲染一个列表

语法：

　　<标签 v-for ="item in items">

其中，items 是源数据数组，item 参数是被迭代的数组元素的别名。v-for 还支持一个可选的第二个参数，语法：

　　<标签 v-for="(item, index) in items">

第二个参数 index 是当前项的索引。

示例 4-10　v-for 指令基于一个数组来渲染一个列表的示例代码如下：

　　<!doctype html>

　　<html>

　　<head>

　　　　<meta charset="utf-8">

```
    <title>列表渲染</title>
    <script src="js/vue.js"></script>
</head>
<body>
<div id="app">
    <h4>水果列表</h4>
    <ul>
        <li v-for="item in fruit">{{item}}</li>
    </ul>
        <h4>水果列表</h4>
        <p v-for="(item,index) in fruit">{{index}}-{{item}}</p>
</div>
<script>
 var vm=new Vue({
     el:'#app',
     data:{
         fruit:["apple", "pear", "banana","orange","lemon"]
     }
    });
</script>
</body>
</html>
```

在浏览器中的运行效果及在开发者工具的 Elements 选项卡中查看元素 DOM 的情况如图 4-11 所示。

图 4-11　运行效果

2) v-for 指令基于一个对象来渲染一个列表

语法：

```
<标签 v-for =" value in object">
```

其中，object 是源数据对象，value 参数是被迭代的对象中的属性值(键值)的别名。

v-for 还支持一个可选的第二个参数，语法：

```
<标签 v-for=" (value, name) in object" >
```

第二个参数 name 是对象中的属性名(键名)。

v-for 还可以用第三个参数 index 作为索引。语法：

```
<标签 v-for=" (value, name, index) in object ">
```

示例 4-11　v-for 指令基于一个对象来渲染一个列表的示例代码如下：

```html
<!doctype html>
<html>
<head>
    <meta charset="utf-8">
    <title>列表渲染</title>
    <script src="js/vue.js"></script>
</head>
<body>
<div id="app">
    <h4>一个参数</h4>
    <p v-for="value in stuObj">{{value}}</p>
    <h4>两个参数</h4>
    <p v-for="(value,key) in stuObj">
        {{key}}:{{value}}
    </p>
    <h4>三个参数</h4>
    <p v-for="(value,key,index) in stuObj">
        {{index}}.{{key}}:{{value}}
    </p>
</div>
<script>
var vm=new Vue({
    el:'#app',
    data:{
        stuObj:{tel:"13877988888",name:"tom",age:18}
    }
});
</script>
</body>
```

　　　</html>

　　在浏览器中的运行效果及在开发者工具的 Elements 选项卡中查看元素 DOM 的情况如图 4-12 所示。

图 4-12　运行效果

3）v-for 指令基于一个数字来渲染一个列表

语法：

```
<标签 v-for ="count in 数值">
```

count 值从 1 开始。

示例 4-12　v-for 指令基于一个数字来渲染一个列表的示例代码如下：

```
<!doctype html>
<html>
<head>
    <meta charset="utf-8">
    <title>v-for 迭代数字</title>
    <script src="js/vue.js"></script>
</head>
<body>
<div id="app">
    <ul>
```

```
            <li v-for="count in shu">第{{count}}列表项</li>
        </ul>
    </div>
    <script>
    var vm=new Vue({
        el:'#app',
        data:{
            shu:5
        }
    });
    </script>
    </body>
    </html>
```

在浏览器中的运行效果及在开发者工具的 Elements 选项卡中查看元素 DOM 的情况如图 4-13 所示。

图 4-13　运行效果

4.1.6　v-pre 指令和 v-once 指令

v-pre 指令不编译 mustache 模板表达式,但可以用来显示原始的 mustache 标签;v-once 指令只渲染一次元素和组件,这可以用于优化更新性能。

示例 4-13 代码如下:

```
    <body>
        <div id="app">
            <h1>{{ msg }}</h1>
            <!-- 不编译 mustache 模板表达式 -->
            <h1 v-pre>{{ msg }}</h1>
```

```
        <!-- 只渲染一次-->
        <h1 v-once>{{ msg }}</h1>
    </div>
    <script src="js/vue.js"></script>
    <script>
        var vm = new Vue({
            el: '#app',
            data: {
                msg: 'Hello World!',
            },
        });
    </script>
</body>
```

在浏览器中运行程序，可以看到<h1 v-pre>{{ msg }}</h1>中的{{msg}}没有被编译。在开发者工具的 Console 控制台中更改 msg 的值，<h1>{{ msg }}</h1>中{{msg}}被重新渲染了，而<h1 v-once>{{ msg }}</h1>中的{{msg}}没有被重新渲染，如图 4-14 所示。

图 4-14　运行效果

4.2　数据双向绑定

在 Web 应用中，经常会使用表单向服务端提交一些数据，在 Vue.js 中可以使用 v-model 指令同步用户输入的数据到 Vue 实例的 data 属性中。v-model 指令在表单的 input、textarea 等元素上创建双向数据绑定，v-model 为不同的输入元素使用不同的属性，并抛出不同的事件来更新元素。

4.2.1　input 元素和 textarea 元素

input 元素和 textarea 元素使用 value 属性与 Vue 实例的 data 选项的数据属性绑定，

当 input 事件触发时，value 值同步到 Vue 实例的数据；当绑定 Vue 实例的数据改变时，会同步到 value，从而实现数据的双向绑定。语法：

　　　　v-model='数据对象属性'

　　v-model 会忽略 input 元素和 textarea 元素的 value 初始值，而将 Vue 实例的数据作为数据来源。

　　示例 4-14　input 元素和 textarea 元素数据双向绑定示例代码如下：

```
<!doctype html>
<html>
<head>
    <title>输入绑定</title>
    <script src="js/vue.js" ></script>
</head>
<body>
<div id="app">
    <p>姓名：<input type="text" v-model="userInfo.name" /></p>
    <p>邮箱：<input type="text" v-model="userInfo.email"/></p>
    <p>简历：
        <textarea v-model="userInfo.resume" cols="20" rows="5"></textarea>
    </p>
    <p>----同步信息显示----</p>
    <p>姓名：{{userInfo.name}}</p>
    <p>邮箱：{{userInfo.email}}</p>
    <p>简历：{{userInfo.resume}}</p>
</div>
<script>
 var vm=new Vue({
    el:'#app',
    data:{
        userInfo:{
            name:",
            email:'@',
            resume:"我是"
            }
        }
    })
</script>
</body>
</html>
```

在浏览器中运行程序，输入姓名"tom"和另两项的数据时，文本绑定的相应信息都会同步显示。在控制台更改 name 值为 "marry"，姓名文本框 value 值同步更新，文本框显示 "marry"，效果如图 4-15 所示。

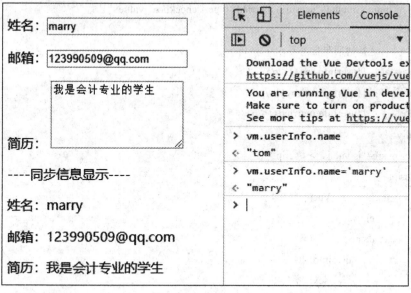

图 4-15　运行效果

4.2.2　radio 元素和 checkbox 元素

radio 元素和 checkbox 元素使用 value 属性与 Vue 实例的 data 选项的数据属性绑定。checkbox 元素可以多选，此时需要接受多个 value 值，可在 Vue 实例的 data 选项中申明一个数组来绑定。当 change 事件触发时，value 属性值同步到 Vue 实例的数据；当绑定 Vue 实例的数据改变时，则会同步到 checked 属性，从而实现数据的双向绑定，初始值是将 Vue 实例的数据作为数据来源。

多个选项的 checkbox 元素绑定的值为数组，而一个选项的 checkbox 元素绑定的值为布尔值。

示例 4-15　radio 元素和 checkbox 元素数据双向绑定示例代码如下：

```
<body>
<div id="app">
<p>性别：
    <input v-model="userInfo.sex" name="sex" value="男" type="radio"> 男
    <input v-model="userInfo.sex" name="sex" value="女" type="radio">女
</p>
<p>爱好：
    <input v-model="userInfo.hobby" type="checkbox" value="玩游戏" />玩游戏
    <input v-model="userInfo.hobby" type="checkbox" value="打篮球" />打篮球
    <input v-model="userInfo.hobby" type="checkbox" value="看电影" />看电影
    <input v-model="userInfo.hobby" type="checkbox" value="听音乐" />听音乐
```

```
    </p>
    <p>婚否:
        <input v-model="userInfo.married" type="checkbox" value="已婚"/>
    </p>
    <p>------选择的同步信息显示------</p>
    <p>性别：{{userInfo.sex}}</p>
    <p>爱好：{{userInfo.hobby}}</p>
    <p>婚否：{{userInfo.married}}</p>
</div>
<script src="js/vue.js" ></script>
<script>
    var vm = new Vue({
        el: '#app',
        data: {
            userInfo: {
                sex: "男",
                hobby: [],
                married:"
            }
        }
    });
</script>
</body>
```

在浏览器中运行程序，选择操作，change 事件被触发，value 属性值同步到 Vue 实例的数据，数据同步显示在下方，如图 4-16 所示。

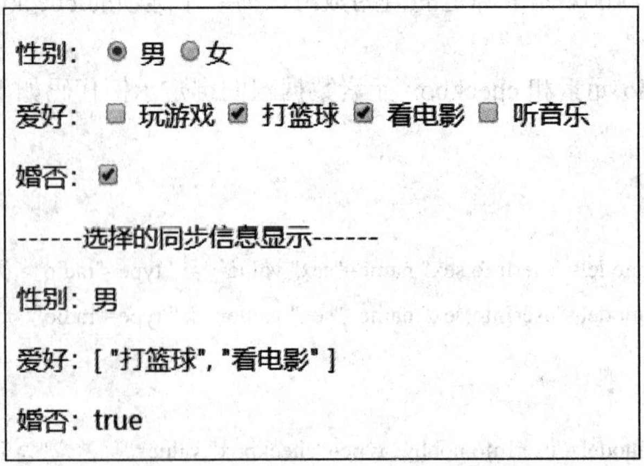

图 4-16　运行效果

在开发者工具的控制台中改变数据，对应的选项状态也跟着改变,效果如图 4-17 所示。

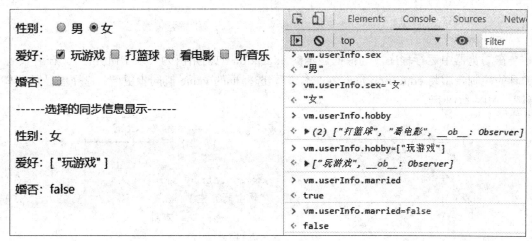

图 4-17　运行效果

4.2.3　select 元素

select 元素使用 value 属性与 Vue 实例的 data 选项的数据属性绑定，当 change 事件触发时，value 值同步到 Vue 实例的数据；当绑定 Vue 实例的数据改变时，则会同步到 value，从而实现数据的双向绑定。初始值是将 Vue 实例的数据作为数据来源。

示例 4-16　select 元素数据双向绑定示例代码如下：

```
<body>
<div id="app">
    <p>学历：
        <select v-model="education">
            <option value="博士研究生">博士研究生</option>
            <option value="硕士研究生">硕士研究生</option>
            <option value="本科">本科</option>
            <option value="专科">专科</option>
        </select>
    </p>
    <p>{{education}}</p>
</div>
<script src="js/vue.js" ></script>
<script>
    var vm = new Vue({
        el: '#app',
        data: {
            education:"硕士研究生"
        }
    });
```

```
    </script>
    </body>
```

在浏览器中运行程序，选择框显示的 education 的初始值为"硕士研究生"。在开发者工具的控制台中将 education 值改为"本科"，选择框的 value 值同步更新，选择框显示"本科"，如图 4-18 所示。

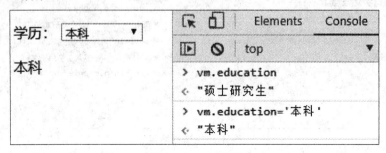

图 4-18　运行效果

4.2.4　双向绑定修饰符

下面介绍几种双向绑定修饰符。

1．.lazy

默认情况下，v-model 在每次 input 事件触发后将输入框的值与数据进行同步；添加.lazy 修饰符后，v-model.lazy 只有在回车或者在输入框 onblur(失去焦点)时，数据才进行同步。

2．.number

如果要将用户的输入值自动地转为数字类型，可以给 v-model 添加.number 修饰符，但 v-model.number 只能输入数字。

3．.trim

如果要自动地过滤用户输入的首尾空白字符，可以给 v-model 添加.trim 修饰符，v-model.trim 可以去除前后空格。

示例 4-17　双向绑定修饰符示例代码如下：

```
    <body>
      <div id="app">
        <h4>1、输入的数据：{{val1}}</p>
        <input type="text" v-model.lazy="val1">
        <h4>2、输入的数据：{{val2}}</p>
        <input type="text" v-model.number="val2">
        <h4>3、输入的数据：{{val3}}</p>
        <input type="text" v-model.trim="val3">
      </div>
      <script src="js/vue.js" ></script>
      <script>
        var m = {
```

```
            val1: 0,
            val2: 0,
            val3: "
        };
        var vm = new Vue({
            el: '#app',
            data: m,
        });
    </script>
</body>
```

在浏览器中运行程序，依次在三个文本框中输入数据，效果如图 4-19 所示。

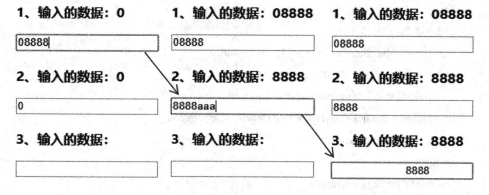

图 4-19　运行效果

分析：在第一个文本框中录入数据，输入框的值与数据没有进行同步显示，当光标移动到第二个文本框时，第一个文本框就失去了焦点，这时才显示所录入的数字，因 v-model.lazy 只有在回车或者 onblur(失去焦点)时，数据才进行同步；在第二个文本框中每输入一个数字就会同步显示，当输入的不是数字就停止同步，因 v-model.number 只能输入数字；在第三个文本框中输入时，先输入几个空格，然后再输入数字，只有数字同步显示，而前面输入的空格被忽略掉，因 v-model.trim 可以去除前后空格。

4.3　事件绑定

4.3.1　监听事件

Vue 可以用 v-on 指令监听 DOM 事件，并在触发时运行一些 JavaScript 代码。其语法格式如下。

(1) 把 JavaScript 代码直接写在 v-on 指令中：

```
<标签 v-on:事件名='JavaScript 代码'>
```

(2) 在实际开发中，事件处理的逻辑一般比较复杂，可把处理逻辑编写成函数。v-on 指令可以接收 JavaScript 函数的调用，分为无参数调用函数和有参数调用函数。

无参:

　　　　<标签 v-on:事件名='函数名称'>

有参:

　　　　<标签 v-on:事件名='函数名称(参数)'>

"v-on:事件名"也可简写成"@事件名"。

在初始化 Vue 对象时申明事件调用的函数，初始化 Vue 对象时，在传递的对象参数中添加一个 methods 属性，在 methods 属性中申明事件调用的函数。

v-on 指令可以绑定元素所有的事件，每一种元素都有其对应的事件，只要通过 v-on 指令对事件进行绑定即可监听事件。

示例 4-18　事件绑定示例代码如下:

```html
<body>
    <div id="app">
        <button v-on:click="counter += 1">加 1</button>
        <button v-on:click="add">加 1</button>
        <p>按钮单击了 {{ counter }}次。</p>
        <button v-on:click="sayHello('Vue')">hello Vue!</button>
        <p>hello {{ message}}!</p>
    </div>
<script src="js/vue.js"></script>
<script>
    var vm = new Vue({
        el: '#app',
        data: {
            counter:0,
            message:'world' },
        methods: {
            add:function(e){
                this.counter++;
                console.log(e); },
                sayHello(name) {this.message=name;},
            }
        });
    </script>
</body>
```

在浏览器中运行程序，三个按钮各单击了一次，运行效果及在开发者工具控制台中的显示效果如图 4-20 所示。

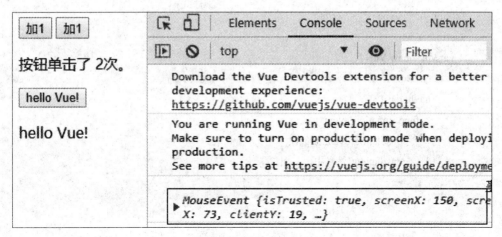

图 4-20　运行效果

分析：如果 v-on:click 调用的函数没有参数，则函数名后可以不需要括号()，如程序中的 v-on:click="add"；如果在定义时申明该方法有参数，如程序中的 add:function(e){}，则调用时默认传入原生事件对象 event，所以在单击第二个按钮时，控制台输出了 MouseEvent 事件对象。如何获得原生事件对象 event？Vue 提供了一个特殊变量 $event，用于访问原生 DOM 事件对象。

4.3.2　事件修饰符

在事件处理程序中调用 event.preventDefault() 或 event.stopPropagation() 是非常常见的需求。尽管开发人员可以在方法中轻松实现这点，但方法只有纯粹的数据逻辑，而不能处理 DOM 事件细节。为了解决这个问题，Vue 为 v-on 提供了事件修饰符。修饰符是由点开头的指令后缀来表示的。

1. stop 修饰符阻止事件冒泡

1）事件冒泡

事件冒泡是指事件开始时由最具体的元素(文档中嵌套层次最深的那个节点)接收，然后逐级向上传播。

示例 4-19　事件冒泡示例代码如下：

```
<body>
<div id="app">
  <div @click="func($event)">
    <input type="button" value="按钮 1">
    <input type="button" value="按钮 2">
    <input type="button" value="按钮 3">
  </div>

</div>
</body>
```

```
<script src="js/vue.js"></script>
<script>
    var vm = new Vue({
        el: '#app',
        methods: {
            func: function(event){
                console.log(event.target);
                console.log('冒泡中。。。');
            },
        }
    });
</script>
```

在浏览器中运行程序，三个按钮各单击了一次，运行效果及在开发者工具控制台中的显示效果如图 4-21 所示。

图 4-21　运行效果

分析：<div @click="func($event)">调用事件处理函数传入参数$event，在事件处理函数中，参数 event 获取到事件对象，而事件对象的 target 属性获取到触发该事件的元素节点。单击这三个按钮，事件都冒泡到父节点<div>上，触发该节点事件，在控制台中输出如图 4-21 所示的信息。

2) .stop 所修饰的事件阻止事件冒泡

在绑定事件的后面加修饰符.stop，即可阻止事件冒泡。

示例 4-20　阻止事件冒泡示例代码如下：

```
<body>
<div id="app">
  <div @click="func2">
      <div @click.stop="func1($event)">
```

```
        <input type="button" value="按钮 1">
        <input type="button" value="按钮 2">
        <input type="button" value="按钮 3">
      </div>
    </div>
  </div>
</body>
<script src="js/vue.js"></script>
<script>
  var vm = new Vue({
    el: '#app',
    methods: {
      func1: function(event){
        console.log(event.target);
        console.log('冒泡中。。。');
      },
      func2: function(event){
        console.log(event.target);
        console.log('冒泡 2 中。。。');
      }
    }
  });
</script>
```

单击这三个按钮，事件都冒泡到父节点<div>上，触发该节点事件，在控制台中输出如图 4-22 所示的信息。

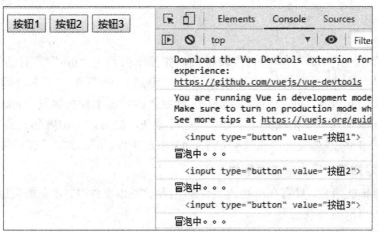

图 4-22　运行效果

但在<div @click.stop="func1($event)">中，click 事件名后加了事件修饰符.stop，该元素事件不再向上继续传播，从而阻止了事件继续冒泡。<div @click="func2">元素上绑定的

click 事件没有被触发，func2 函数没有被执行。

2．.capture 修饰符所修饰的事件流为捕获事件流

DOM 事件流分为冒泡事件流和捕获事件流，默认的是冒泡事件流，而.capture 所修饰的事件流为捕获事件流。

示例 4-21　捕获事件流示例代码如下：

```
<body>
<div id="app">
  <div @click.capture="box" :style="{border:'solid 2px red'}">
    <a href="http://www.baidu.com" @click.stop.prevent="links">百度</a>
  </div>
</div>
<script src="js/vue.js"></script>
<script>
  var app = new Vue({
    el: '#app',
    data: {},
    methods: {
      box(){
        alert('div');
      },
      links(){
        alert('http://www.baidu.com');
      }
    }
  });
</script>
</body>
```

在浏览器中运行程序，单击百度超链接，先弹出内容为"div"的对话框，因绑定在 div 上的单击事件被触发，box 函数被执行；确定"div"的对话框后再弹出内容为"http://www.baidu.com"的对话框，绑定在 a 标签上的单击事件被触发，links 函数被执行。即内部元素 a 触发的事件先在父元素 div 上进行处理，然后才交由内部元素 a 进行处理，事件流是捕获事件流，因父元素 div 绑定了 click 单击事件，所以增加了事件修饰符.capture。

3．.self 修饰符只接收自触发事件

.self 所修饰的事件，只有在绑定该事件的元素触发该事件时，才会触发事件处理函数，该事件不会被冒泡或捕获触发。

示例 4-22　.self 修饰的事件示例代码如下：

```
<!doctype html>
<html>
```

```
<head>
    <title>.self 事件修饰符</title>
    <style>
        #box{border: 1px solid red; background-color: darkgray;}
    </style>
</head>
<body>
<div id="app">
    <div @click.self="box()" id="box" >
        <input type="button" value="按钮" @click="btn()" >
    </div>
</div>
</body>
<script src="js/vue.js"></script>
<script>
    var vm = new Vue({
        el: '#app',
        methods: {
            box(){console.log("div");
            },
            btn(){console.log("button");}
        }
    });
</script>
</html>
```

在浏览器中运行程序，单击按钮在控制台只输出"button"，按钮的单击事件触发，div 没有接收冒泡，div 上的单击事件没有被触发。单击 div，在控制台只输出"div"，div 的单击事件被触发，而按钮的单击事件没有被触发。

4．.prevent 修饰符阻止默认事件

在绑定事件的后面加修饰符.prevent，即可阻止默认事件。

示例 4-23　.prevent 阻止默认事件的示例代码如下：

```
<body>
<div id="app">
    <a href="http://www.baidu.com" @click="func">能访问百度</a>
    <a href="http://www.baidu.com" @click.prevent="func">不能访问百度</a>
    <a href="http://www.baidu.com" @click.prevent.once="func">第一次不能访问百度</a>
</body>
<script src="js/vue.js"></script>
```

```
<script>
 var vm = new Vue({
         el: '#app',
         methods: {
           func: function(){
             alert('百度！');
           },
         }
     });
 </script>
```

在浏览器中运行程序，单击各超链接，效果如下：

单击第一个超链接时，弹出对话框确认后，又跳转到百度首页，单击事件和超链接的默认单击跳转事件都执行了；

单击第二个超链接时，只弹出对话框，没有跳转到百度首页，每一次单击该链接都是同样的效果，因在程序的第二个超链接给 click 单击事件增加了事件修饰符.prevent，阻止了超链接的默认单击跳转事件。

第一次单击第三个超链接时，只弹出对话框，没有跳转到百度首页；从第二次单击开始，每次单击第三个超链接都没有弹出对话框，而是直接跳转到百度，因第三个超链接中绑定的 click 事件增加了事件修饰符.once，该事件只生效一次。

5. .once 修饰符所修饰的事件只生效一次

可参见示例 4-23 第三个超链接绑定的事件。

6. 键盘事件修饰符

在表单元素上监听键盘事件时，还可以使用按键修饰符。按键修饰符可以使用键 keyCode 码，也可直接使用键字符，四个方向键上、下、左、右分别用.up、.down、.left、.right 表示；delete 键用于捕获"删除"和"退格"键；.ctrl、.alt、.shift 这些按键修饰符也可以组合使用，或和鼠标一起配合使用。

示例 4-24　按键修饰符示例代码如下：

```
<body>
<div id="app">
    <input type="text" @keyup="fn" />
    <input type="text" @keyup.enter="fn" />
    <input type="text" @keyup.ctrl.b="fn">
</div>
</body>
<script src="js/vue.js"></script>
<script>
    var vm = new Vue({
        el: '#app',
```

```
        methods: {
            fn: function(){
                console.log('按键了！');
            }
        }
    });
</script>
```

在浏览器中运行程序，在三个文本框中输入字符，运行效果及在开发者工具控制台中显示的效果如图 4-23 所示。

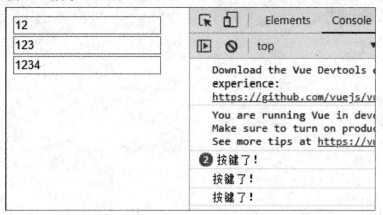

图 4-23　运行效果

在第一个文本框中输入，每输入一个字符都会触发 keyup 事件，fn 函数执行一次，输入两个字符，fn 函数执行两次。

在第二个文本框中输入，输入字符时不能触发 keyup 事件，只有按下回车键后才会触发 keyup 事件，fn 函数执行。

在第三个文本框中输入，输入字符时不能触发 keyup 事件，只有当按下 Ctrl+B 键后才会触发 keyup 事件，fn 函数执行。

7. 鼠标事件修饰符

鼠标的左、中、右键修饰符分别是 .left、.middle、.right。

示例 4-25　鼠标按钮修饰符示例代码如下：

```
<body>
<div id="app">
    <button @click.right.prevent="fn" >右击触发</button>
</div>
<script src="js/vue.js"></script>
<script>
    var app = new Vue({
        el: '#app',
        methods: {
```

```
        fn(){
            alert('右击触发');
        }
    }
});
</script>
</body>
```

在浏览器中运行程序，在按钮上单击鼠标右键，按钮的 click 事件被触发，fn 函数执行，弹出对话框。在绑定 click 事件时增加的事件修饰符.prevent 是用来阻止鼠标右击时调出系统菜单的默认事件。

第 5 章　Vue 实例对象

每个 Vue 应用都是通过用 Vue 构造函数来创建一个新的 Vue 实例开始的。例如代码：

```
var vm = new Vue({
    // 选项
})
```

创建 Vue 实例的配置对象，包括 el、template、data、methods、watch、生命周期钩子等多个属性选项，每个选项都有不同的功能，根据开发的需求选择配置这些属性选项。其中，第 3 章中已经介绍了 el 和 data 两个配置选项。

5.1　配置对象常用的配置选项

5.1.1　methods 方法

事件调用的函数都在 methods 属性中定义。在 methods 属性定义的函数(或称为方法)一般作为事件的回调函数使用。方法调用的方式：方法名()，方法被调用多少次就能执行多少次。

示例 5-1　已知单价和数量，求合计金额，效果如图 5-1 所示。

単价：4
数量：3
合计：12

图 5-1　运行效果

示例分析：数量或价格改变，都要重新计算合计金额，这就需要监听到价格和数量的改变，才能去计算合计。在单价的文本框中输入数据时，键盘事件可以监听到数据的改变；在数量 number 控件中，change 事件可以监听到数据变化；在监听事件回调函数中计算合计值。示例代码如下：

```
<body>
    <div id="app">
        单价:<input type="text" v-model.number="price" @keyup="sum()"></br>
        数量:<input type="number" v-model="count" @change="sum()"></br>
```

```
        合计:<input type="text" v-model="total"></br>
    </div>
    <script src="js/vue.js"></script>
    <script>
        var app = new Vue({
            el: '#app',
            data: {
            price: 0,
            count: 1,
            total:0
            },
            methods:{
                sum(){
                    this.total=this.price*this.count;
                }
            }
        });
    </script>
</body>
```

在 methods 属性中定义的 sum 方法，在 keyup、change 事件触发时被调用。每次数据发生改变，就会触发事件，从而执行 sum()方法。示例 5-1 在浏览器中的运行结果如图 5-1所示。

5.1.2 计算属性 computed

模板是用来描述视图结构的，通常我们会在模板中绑定表达式。如果模板中的表达式存在过多的逻辑，则模板会变得复杂，不便于维护。因此，为了简化逻辑，当某个属性的值依赖于其他属性的值时，Vue 提供了计算属性以供使用。计算属性适用于执行复杂的表达式，这些复杂的表达式往往太长或者需要频繁地重复使用，不在模板中直接使用。

计算属性在 computed 属性中定义，其语法为：

```
计算属性名：function(){
//计算表达式
    return 结果
}
```

直接写计算属性名可调用计算属性，同普通属性使用方法一样。计算属性类似 data 对象的一个扩展和增强版本，可以像访问 data 对象的属性那样访问，但需要以函数的方式进行定义。

示例 5-2　已知单价和数量，求合计金额。

示例分析：合计依赖于单价和数量，当单价和数量发生改变时，合计会随着变化。因此，合计可以使用计算属性来实现。计算属性是当其依赖属性的值发生变化时，这个属性的值会自动更新，与之相关的 DOM 部分也会同步自动更新。示例代码如下：

```
<body>
<div id="app">
    单价:<input type="text" v-model.number="price"></br>
    数量:<input type="number" v-model="count" ></br>
    合计:<input type="text" v-model="total"></br>
</div>
<script src="js/vue.js"></script>
<script>
    var app = new Vue({
        el: '#app',
        data: {
            price: 0,
            count: 1,
        },
        computed:{
          total:function(){
          return this.price*this.count
          }
        }
    });
</script>
</body>
```

运行效果如图 5-1 所示。

计算属性函数的返回结果直接赋给了计算属性名，计算属性只有依赖的数据发生变化时才会重新计算，依赖数据不改变的情况下，第一次计算的结果会缓存起来，下次直接使用。使用计算属性可以减少模板中的计算逻辑，且计算结果会缓存起来。

5.1.3　侦听器 watch

侦听器(watch)可以监听 data 对象属性或者计算属性的变化。watch 是用来侦听数据的变化(如异步获取数据、操作 DOM 等)，数据变化时，开发者可以处理一些事务。watch 中可以执行任何操作。

定义侦听器的语法：

```
watch:{ [key: string]: string | Function | Object | Array }
```

语法说明：watch 的值是一个对象，对象的属性是要侦听的属性，该属性是需要观察的表达式(存放数据的属性)，其值是回调函数，也可以是方法名，或者是包含选项的对象。

侦听器的执行过程：Vue 实例将会在实例化时调用 $watch()，遍历 watch 对象的每一个属性，当一个被侦听属性的值发生变化时，触发该属性的回调函数执行。

被侦听的属性是当属性值发生变化时，会有变化前后两个值，这两个值作为回调函数的参数，第一个参数是最新的值。

示例 5-3　已知单价和数量，求合计金额。

示例分析：合计依赖于单价和数量，当单价和数量发生改变时，合计会随着改变。侦听单价和数量，如有变化就求和。用 watch 来实现的示例代码如下：

```
<body>
<div id="app">
    单价:<input type="text" v-model.number="price"></br>
    数量:<input type="number" v-model="count" ></br>
    合计:<input type="text" v-model="total"></br>
</div>
<script src="js/vue.js"></script>
<script>
    var app = new Vue({
        el: '#app',
        data: {
          price: 0,
          count: 1,
          total:0
        },
        watch:{
        "price":function(newVal,oldVal){
            return this.total=newVal*this.count;
        },
            "count":function(newVal,oldVal){
            return this.total=this.price*newVal;
        },
        }
    });
</script>
</body>
```

运行效果如图 5-1 所示。

计算属性和侦听器的差异：计算属性会保存结果，但侦听器不会保存结果；计算属性强调的是结果，而侦听器强调的是过程；计算属性处理同步的过程，而侦听器多用于处理耗时的异步；计算属性能做的，侦听器都能做，反之则不行，但能用计算属性的地方尽量使用计算属性。

5.1.4　过滤器 filters

过滤器可在输出结果之前对数据进行过滤(格式处理等)，可被用作一些常见的文本格式化。过滤器是一种在模板中处理数据的便捷方式，特别适合对字符串和数字设置显示格式，例如将字符串变为正确的大小写格式，或者用更容易阅读的格式显示数字。

Vue 中的过滤器分为两种，全局过滤器和局部过滤器。

1. 全局过滤器

全局过滤器是定义在 Vue 对象上的，其定义语法为：

```
Vue.filter('过滤器的名称',function(参数列表){函数体})
```

第一个参数是过滤器的名字；第二个参数是过滤器的功能函数；函数体中通过 return 语句返回经过过滤加工的数据。

过滤器功能函数参数，第一个参数是传入要过滤的数据，即原数据；从第二个参数开始是 HTML 调用过滤器时传入的参数。

过滤器只在 Mustache 插值和 V-bind 表达式中调用，被添加在表达式的尾部，由"｜"管道符分开。其语法如下：

```
{{ 要过滤的数据 | 过滤器名(参数列表)}}
```

可以用链式调用的方式在一个表达式中使用多个过滤器。过滤器之间需要用管道符"|"隔开，其执行顺序从左往右；如果不需要传入其他参数，则过滤器名后的()可以不写。

示例 5-4　代码如下：

```html
<body>
  <div id="app">
    <h1>{{ sum | f_int }}</h1>
    <h1>{{ sum | f_int |f_$('$')}}</h1>
  </div>
  <script src="js/vue.js"></script>
  <script>
    Vue.filter('f_int',function(msg){
      return  Math.round(msg);
    })
    Vue.filter('f_$',function(msg,arg1){
      return arg1+msg;
    })
    var vm = new Vue({
      el: '#app',
      data: {
        sum: 86.5
      }
    });
```

```
    </script>
  </body>
```

在浏览器中运行程序，页面上显示 87 和$87，按照过滤器返回的数值来渲染。

2. 局部过滤器

局部过滤器定义在 Vue 对象的实例上，用 new Vue({ })来实例化 Vue 时，传入一个配置对象，局部过滤器在配置对象的 filers 选项属性中定义。

除定义的位置不同外，局部过滤器的定义语法和调用语法与全局过滤器的相同。局部过滤器只有在该 Vue 实例控制的(#app)页面区域内有效，而全局过滤器在整个页面上所有 Vue 实例控制的页面区域内都有效。

示例 5-5　代码如下：

```
<body>
  <div id="app">
    <h1>{{ sum | f_int }}</h1>
    <h1>{{ sum | f_int |f_$('$')}}</h1>
  </div>
  <script src="js/vue.js"></script>
  <script>
    var vm = new Vue({
      el: '#app',
      data: {
        sum: 86.5
      },
      filters: {//过滤器
        f_int(msg) {
          return  Math.round(msg);
        },
        f_$(msg,arg) {
          return arg+msg;
        }
      }
    });
  </script>
</body>
```

在浏览器中运行程序，页面上显示 87 和$87，按照过滤器返回的数值来渲染。

当有局部和全局两个名称相同的过滤器时，会以就近原则进行调用，即局部过滤器优先于全局过滤器被调用。

filter 过滤器不会修改原始数据，它的作用是过滤数据。如果一个 filter 过滤器的内部特别复杂，就可以考虑是否需要写成一个计算属性，因为计算属性本身带有缓存，而且可重用性特别强，而 filter 过滤器一般是做一些简单的事情。

5.2　Vue 实例生命周期

一个事物从诞生到发展、持续，直至最后销毁的过程，称为生命周期。如同人的生命一样经历生老病死，人一生的每个阶段都有必做的事情。

每一个 Vue 实例都有一个完整的生命周期，即创建、初始化数据、编译模板、挂载 DOM、渲染→更新→渲染、销毁等一系列过程，称之为 Vue 的生命周期。也就是说，Vue 实例从创建到销毁的过程就是 Vue 实例的生命周期。

在这个生命周期过程中的各个阶段上会自动执行相应的处理函数，这些处理函数被称为生命周期钩子，钩子就是在某个阶段给开发者一个做某些处理的机会。Vue 实例生命周期简化与钩子如图 5-2 所示。

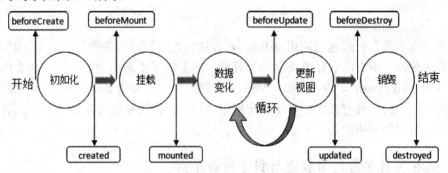

图 5-2　Vue 实例生命周期简化与钩子

5.2.1　Vue 实例生命周期各阶段

第 1 阶段：初始化事件与生命周期阶段。

最开始初始化一个空的 Vue 实例对象，该对象只有默认的一些 Vue 内部初始化事件。完成这一过程自动执行 beforeCreate 钩子函数。此时实例对象的选项对象还未创建，el 和 data 并未初始化，beforeCreate 钩子函数是无法访问 methods、data、computed 等方法和数据的。

第 2 阶段：初始化注入与校验阶段。

该阶段可挂载数据 data、绑定事件等。若实例已经在内存创建，就可以使用数据 data 和 methods 等，$el 属性目前不可见，还不能对"DOM"节点进行操作。完成这一过程后，会自动执行 created 钩子函数。

第 3 阶段：编译模板阶段。

该阶段首先会判断对象是否有挂载元素 el 选项。如果有，则继续向下编译；如果没有，则停止编译，也就意味着停止了生命周期，直到在该 Vue 实例上手动挂载，即调用 vm.$mount(el)。接着在内存中生成一个编译好的模板字符串，然后渲染为内存中的虚拟 DOM(虚拟 DOM 不是真实的 DOM，但它能反映真实 DOM 的结构和关系)，此时并没有把模板挂载到真正的页面中去。完成这一过程后，会自动执行 beforeMount 钩子函数。

第 4 阶段：挂载。

该阶段将内存中编译好的模板真实地替换到浏览的页面中去，el 被新创建的 vm.$el 替换，这是实例创建的最后一个阶段，此时实例已经完全创建好，一些需要 DOM 的操作在此时才能正常进行。完成这一过程后，会自动执行 mounted 钩子函数。

第 5 阶段：运行阶段。

实例创建好后，进入运行阶段，此阶段如果数据有更改，就会自动执行 beforeUpdate 钩子函数。此时 data 数据是最新的，页面还没有更新，页面上显示的数据还是之前的数据。根据 data 的最新数据，在内存中重新渲染一份最新的内存虚拟 DOM，然后把最新的内存虚拟 DOM 树重新渲染到真实的页面中去，完成数据从 Model 到 View 的更新。完成这一过程后，会自动执行 updated 钩子函数，当这个钩子被调用时，组件 DOM 已经更新，页面和 data 数据已经保持同步，所以可以执行依赖于 DOM 的操作。

实例挂载之后就可以供交互使用。数据发生变化，视图就相应的更新，变化和更新循环着，直到销毁。

第 6 阶段：销毁阶段。

当离开这个页面时或通过调用 $destroy 方法销毁实例时，销毁后 Vue 实例关联的所有数据都会解绑，所有的事件监听器会被移除，所有的子实例也会被销毁。在实例销毁之前自动调用 beforeDestroy 钩子函数，Vue 实例销毁后自动调用 destroyed 钩子函数。这两个钩子的功能一致，没有太大的区别，常用来销毁一些监听事件及定时函数，如计时器的关闭、第三方实例的删除等。

5.2.2　Vue 实例生命周期状态与钩子函数示例

示例 5-6　Vue 实例生命周期状态与 beforeCreate 钩子函数代码如下：

```html
<!DOCTYPE html>
<html>
<head>
  <title>Vue 实例生命周期钩子</title>
</head>
<body>
  <div id="app">
    {{message}}
    <h1 id="msg">{{message}}</h1>
  </div>
</body>
<script src="js/vue.js"></script>
<script>
  var vm = new Vue({
    el: '#app',
    data: {
```

```
        message: 'Vue 的生命周期'
    },
    methods:{
        show(){console.log("执行 methods 中定义的 show()方法");}
    },
    beforeCreate: function() {
        console.log('=====1、创建前状态=====');
        console.log("el:" + this.$el);
        console.log("data:" + this.$data);
        console.log("data 中的 message:" + this.message);
        this.show();
        var htmltxt=document.getElementById('msg').innerText;
        console.log('界面上元素的内容：'+htmltxt);
    },
    })
</script>
</body>
</html>
```

在浏览器中运行程序，控制台输出结果如图 5-3 所示。

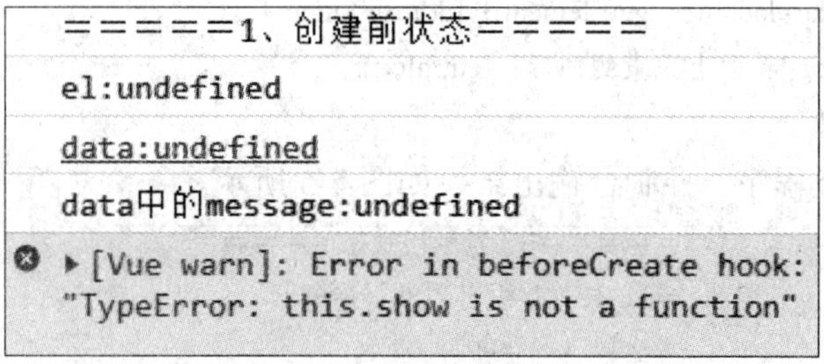

```
=====1、创建前状态=====
el:undefined
data:undefined
data中的message:undefined
⊗ ▶ [Vue warn]: Error in beforeCreate hook:
    "TypeError: this.show is not a function"
```

图 5-3　控制台输出

分析：执行 beforeCreate 钩子函数时，el、data、methods 还不可用。

示例 5-7　Vue 实例生命周期状态与 created 钩子。在示例 5-6 的 beforeCreate 钩子函数后添加 created 钩子函数，代码如下：

```
created: function() {
    console.log('=====2、创建完毕状态=====');
    console.log("el:" + this.$el);
    console.log("data:" + this.$data);
    console.log("message:" + this.message);
    this.show();
    var htmltxt=document.getElementById('msg').innerText;
    console.log('界面上元素的内容：'+htmltxt);
},
```

在浏览器中运行程序，控制台输出结果如图 5-4 所示。

```
=====2、创建完毕状态=====
el:undefined
data:[object Object]
message:Vue的生命周期
执行methods中定义的show()方法
界面上元素的内容：{{message}}
```

图 5-4　控制台输出

分析：执行 created 钩子函数时，data、methods 都可以使用了，但 el 还不可用，数据与页面还没有绑定。

示例 5-8　Vue 实例生命周期状态与 beforeMount 钩子。在示例 5-7 的 created 钩子函数后添加 beforeMount 钩子函数，代码如下：

```
beforeMount: function() {
    console.log('=====3、挂载前状态=====');
    console.log("el:" + (this.$el));
    console.log(this.$el);
    console.log("data:" + this.$data);
    console.log("message:" + this.message);
    this.show();
    var htmltxt=document.getElementById('msg').innerText;
    console.log('界面上元素的内容：'+htmltxt);
},
```

在浏览器中运行程序，控制台输出结果如图 5-5 所示。

```
=====3、挂载前状态=====
el:[object HTMLDivElement]
▼<div id="app">
    "
            {{message}}
    "
    <h1 id="msg">{{message}}</h1>
  </div>
data:[object Object]
message:Vue的生命周期
执行methods中定义的show()方法
界面上元素的内容：{{message}}
```

图 5-5　控制台输出

分析：执行 beforeMount 钩子函数时，data、methods、el 都可使用了，但数据与页面还没有绑定。

示例 5-9　Vue 实例生命周期状态与 mounted 钩子。

在示例 5-8 的 beforeMount 钩子函数后添加 mounted 钩子函数，代码如下：

```
mounted: function() {
```

```
        console.log(' = = = = =4、挂载结束状态 = = = = = ');
        console.log("el:" + this.$el);
        console.log(this.$el);
        console.log("data:" + this.$data);
        console.log("message:" + this.message);
        this.show();
        var htmltxt=document.getElementById('msg').innerText;
        console.log('界面上元素的内容：'+htmltxt);
    },
```

在浏览器中运行程序，控制台输出效果如图 5-6 所示。

```
=====4、挂载结束状态=====
el:[object HTMLDivElement]
▶ <div id="app">...</div>
data:[object Object]
message:Vue的生命周期
执行methods中定义的show()方法
界面上元素的内容：Vue的生命周期
```

图 5-6　控制台输出

分析：执行 mounted 钩子函数时，data、methods、el 都可使用了，数据与页面也已绑定。

示例 5-10　Vue 实例生命周期状态与 beforeUpdate 钩子、updated 钩子。

在示例 5-9 的 mounted 钩子函数后添加 beforeUpdate 钩子函数、updated 钩子函数，代码如下：

```
beforeUpdate: function () {
        console.log(' = = = = =5、更新前状态 = = = = = ');
        console.log("el:" + this.$el);
        console.log(this.$el);
        console.log("data:" + this.$data);
        console.log("message:" + this.message);
        this.show();
        var htmltxt=document.getElementById('msg').innerText;
        console.log('界面上元素的内容：'+htmltxt);
    },
updated: function () {
        console.log(' = = = = =6、更新完成状态 = = = = = ');
        console.log("el:" + this.$el);
        console.log(this.$el);
        console.log("data:" + this.$data);
        console.log("message:" + this.message);
```

```
        this.show();
        var htmltxt=document.getElementById('msg').innerText;
        console.log('界面上元素的内容：'+htmltxt);
    },
```

在浏览器中运行程序，在控制台更改 message 的值，并输入"vm.message='hello'回车"，自动调用 beforeUpdate 钩子函数、updated 钩子函数，控制台输出结果如图 5-7 所示。

图 5-7　控制台输出

分析：执行 beforeUpdate 钩子函数时，data 数据是最新的，message 的值是新值"hello"，内存虚拟 DOM 的 message 也渲染成最新的值"hello"，但真实的页面还没有更新，还是原值。执行 updated 钩子函数时，界面已更新为最新值。

示例 5-11　Vue 实例生命周期状态与 beforeDestroy 钩子、destroyed 钩子。

在示例 5-10 的 updated 钩子函数后添加 beforeDestroy 钩子函数、destroyed 钩子函数，代码如下：

```
beforeDestroy: function () {
    console.log('=====7、销毁前状态=====');
    this.message="hello world";
    console.log("el:" + this.$el);
    console.log(this.$el);
    console.log("data:" + this.$data);
```

```
        console.log("message:" + this.message);
        this.show();
        var htmltxt=document.getElementById('msg').innerText;
        console.log('界面上元素的内容：'+htmltxt);
    },
    destroyed: function () {
        console.log('=====8、销毁完成状态=====');
        this.message="hello vue";
        console.log("el:" + this.$el);
        console.log(this.$el);
        console.log("data:" + this.$data);
        console.log("message:" + this.message)
        this.show();
        var htmltxt=document.getElementById('msg').innerText;
        console.log('界面上元素的内容：'+htmltxt);
    }
}
```

　　在浏览器中运行程序，在控制台中输入"vm.$destroy()回车"，自动调用 beforeDestroy
钩子函数、destroyed 钩子函数，控制台输出结果如图 5-8 所示。

图 5-8　控制台输出

　　分析：虽然程序在 beforeDestroy 钩子函数中将 message 的值更改为“hello world”，但在执行 beforeDestroy 钩子函数后 DOM 中的值没有改变；虽然程序在 destroyed 钩子函数中更改了 message 的值为“hello vue”，但执行 destroyed 钩子函数后 DOM 中的值没有改变。这是因为销毁 Vue 实例后，实例关联的所有数据都会解绑，实例不再作用于 DOM。beforeDestroy 钩子和 destroyed 钩子的功能一致，没有太大的区别。

5.3　常用的 Vue 实例属性

常用的 Vue 实例属性如下：

vm.$data：获取实例观察的数据对象；

vm.$el：获取实例挂载的元素；

vm.$options：获取实例的初始化选项对象；

vm.$refs：一个对象，可持有注册过 ref 属性的所有 DOM 元素和组件实例。

示例 5-12　常用的 Vue 实例属性示例代码如下：

```
<body>
<div id="app">
  <h1>{{msg}}</h1>
  <h2 ref='hello'>Hello</h2>
  <h2 ref='vue'>Vue</h2>
</div>
<script src="js/vue.js"></script>
<script>
  var vm = new Vue({
    el:"#app",
    data:{
      msg:'hello'
    },
    methods:{},
    computed:{},
    filters:{},
    author:'尤雨溪',
    sayHello(){console.log("hello vue");}
  })
  console.log(vm.msg);          //vm.属性名用于获取 data 中的属性
  console.log(vm.$data);        // 获取当前 Vue 实例观察的数据对象 data
  console.log(vm.$data.msg );   //data 中的属性
  console.log(vm.$el);          // 获得当前 Vue 所挂载的元素
  vm.$el.style.color="red";
```

```
        console.log(vm.$options);          //当前 Vue 实例的初始化选项对象
        console.log(vm.$options.el);
        console.log(vm.$options.author);   //获取自定义属性
        vm.$options.sayHello();            //调用自定义方法
        console.log(vm.$refs);             //获取通过 ref 属性注册的 DOM 元素
        vm.$refs.hello.style.backgroundColor = 'yellow';
    </script>
    </body>
```

在浏览器中运行程序，在开发者工具 Console 选项卡中查看输出，如图 5-9 所示。

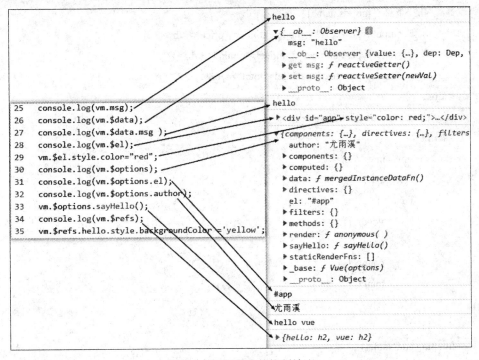

图 5-9　代码对应的控制输出

5.4　常用的 Vue 实例方法

5.4.1　实例方法/数据

1. vm.$set

vm.$set(target, propertyName/index, value)：全局 Vue.set 方法的别名，功能是新增属性。Vue 无法探测普通的新增属性，而使用该方法添加的新属性，Vue 能探测到。

2. vm.$delete

vm.$delete(target, propertyName/index)：全局 Vue.delete 方法的别名，功能是删除对象的属性。使用该方法删除的属性，Vue 能探测到。

3. vm.$watch

vm.$watch(expOrFn, callback, [options])；用于观察 Vue 实例上的一个表达式或者一个函数计算结果的变化。如有变化，则执行回调函数，而回调函数得到的参数为新值和旧值。

示例 5-13　代码如下：

```
<body>
<div id="app">
    <button onclick="addName()">增加一个属性</button>
    <button onclick="deleteName()">删除一个属性</button>
    <h3>商品：{{goods.name}}</h3>
    单价:<input type="text" v-model.number="price"></br>
    数量:<input type="number" v-model="count" ></br>
    合计:<input type="text" v-model="total"></br>
</div>
<script src="js/vue.js"></script>
<script>
    var vm = new Vue({
        el: '#app',
        data: {
            goods:{},
            price: 0,
            count: 1,
            total:0
        },
    });
function addName() {
    //vm.goods.name="苹果";
    //通过普通的方式为对象添加属性时，Vue 无法实时监视到
    //vm.$set(vm.goods,'name', '苹果');
    //通过 Vue 实例的$set 方法为对象添加属性，可以实时监视
    Vue.set(vm.goods,'name', '苹果');
    //通过全局 Vue.set 方法，$set 就是全局 Vue.set 的别名
     // vm.$forceUpdate();
    //$forceUpdate; 迫使 Vue 实例重新渲染
};
function deleteName(){
    if(vm.goods.name){
        vm.$delete(vm.goods,'name');
        //通过 Vue 实例的$delete 方法为对象删除属性
```

```
            //Vue.delete(vm.goods,'name');
            //通过全局 Vue.delete 方法
            }
    }
    vm.$watch('price', function(newVal,oldVal){
            return this.total=newVal*this.count;
            });
    vm.$watch("count",function(newVal,oldVal){
            return this.total=this.price*newVal;
            })
    </script>
    </body>
```

在浏览器中运行程序，每单击"增加一个属性"按钮，
{{goods.name}}显示"苹果"；当单击"删除一个属性"按
钮后，{{goods.name}}显示为空；当改变单价或数量的数值，
合计都会同步更新，效果如图 5-10 所示。

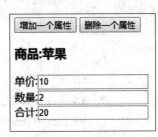

图 5-10　运行效果

5.4.2　实例方法/事件

1. vm.$on

vm.$on(event, callback)：监听当前实例上的自定义事件，事件可以由 vm.$emit 触发，
回调函数会接收所有传入事件触发函数的额外参数。

2. vm.$once

vm.$once(event, callback)：监听一个自定义事件，但是只触发一次。一旦触发，监听
器就会被移除。

3. vm.$emit

vm.$emit(event, args)：触发当前实例上的事件，附加参数都会传给监听器回调。

4. vm.$off

vm.$off([event, callback])：移除自定义事件监听器。

示例 5-14　代码如下：

```
    <body>
    <div id="app">
        <button @click="increase"> 增加 </button>
        {{ num }}
        <button onclick="decrease()"> 减少 </button>
        <button onclick="offDecrease()"> 解除减少操作事件 </button>
    </div>
    <script src="js/vue.js"></script>
```

```
<script>
    var vm = new Vue({
        el:"#app",
        data:{
            num:100
        },
        methods:{
            increase:function () {
                this.num ++;
            }
        }
    });
    //.$once 定义只触发一次的事件
    /* vm.$once("reduce",function (step) {
        vm.num -= step ;
    }); */
    //.$on 定义事件 .
    vm.$on("reduce",function (step) {
        vm.num -= step ;
    });
    //.$emit 触发事件
    function decrease() {
        vm.$emit("reduce", 2);
    }
    //.$off 解除事件，解除后，定义的 decrease 事件将不再执行
    function offDecrease() {
        vm.$off("reduce");
    }
</script>
</body>
```

在浏览器中运行程序，每单击一次"减少"按钮，num 的值就减少；当单击"解除减少操作事件"按钮后，再单击"减少"按钮，num 的值不再改变，效果如图 5-11 所示。

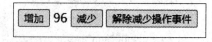

图 5-11　运行效果

5.4.3　实例方法/生命周期

1. vm.$mount([elementOrSelector])

如果 Vue 实例在实例化时没有收到 el 选项，则它处于"未挂载"状态，其没有关联

的 DOM 元素。可以使用 vm.$mount() 手动地挂载一个未挂载的实例。

2. vm.$destroy()

vm.$destroy()用于完全销毁一个实例，清理与其他实例的连接，并解绑其全部指令及事件监听器。

3. vm.$nextTick([callback])

该方法可将方法中的回调函数延迟到 DOM 更新后执行。vm.$nextTick([callback])有它的应用场景，如要在 Vue 生命周期的 created()钩子函数进行的 DOM 操作，则要放在 Vue.nextTick()的回调函数中。因在 created()钩子函数执行时 DOM 其实并未进行任何渲染，而此时进行 DOM 操作无异于徒劳，所以此处一定要将 DOM 操作的 js 代码放进 Vue.nextTick()的回调函数中。与之对应的就是 mounted 钩子函数，因为该钩子函数执行时所有的 DOM 挂载和渲染都已完成，此时在该钩子函数中进行任何 DOM 操作都不会有问题。还有在数据变化后要执行的某个操作，该操作需要使用随数据改变而改变的 DOM 结构时，应将其放入 Vue.nextTick()的回调函数中，在数据变化之后等待 Vue 完成更新 DOM。可以在数据变化之后立即使用 Vue.nextTick(callback) ，这样回调函数在 DOM 更新完成后就会调用。

示例 5-15　代码如下：

```
<body>
  <div id="app">
      <h2 ref='firstTitle'>{{firstTitle}}</h2>
      <h3 ref="secondTitle">{{secondTitle}}</h3>
      <input type="text" v-model="msg" />
      <p>{{msg}}</P>
      <button onclick="destroy()">销毁</button>
  </div>
</body>
<script src="js/vue.js"></script>
<script>
let vm = new Vue({
  data : {
    msg : 'hello Vue',
    firstTitle : '标题',
    secondTitle : '副标题'
  }
});
vm.$mount('#app');
vm.firstTitle = 'Vue 开发课程';
vm.secondTitle =vm.$refs.firstTitle.textContent;
console.log(vm.secondTitle);
```

```
/* vm.$nextTick(function(){
    vm.secondTitle = vm.$refs.firstTitle.textContent;
    console.log(vm.secondTitle);
}); */
//它跟全局方法 Vue.nextTick 一样
Vue.nextTick(function(){
    vm.secondTitle = vm.$refs.firstTitle.textContent;
    console.log(vm.secondTitle);
});
function destroy(){
    vm.$destroy();
}
```

在浏览器中运行程序，在开发者工具 Console 选项卡中查看输出的 vm.secondTitle 的值是"标题"，执行 vm.$nextTick()或 Vue.nextTick(),vm.secondTitle 的值是"Vue 开发课程"，页面同步更新为新值。当单击"销毁"按钮后，在文本框中输入值，{{msg}}中的数据不再同步更新。运行效果如图 5-12 所示。

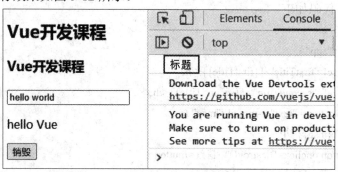

图 5-12　运行效果图

4. vm.$forceUpdate()

该方法迫使 Vue 实例重新被渲染。注意，它仅仅影响实例本身和插入插槽内容的子组件，而不是所有子组件。修改示例 5-13 中 addName 方法中的代码，具体如下：

```
function addName() {
    vm.goods.name="苹果";
    //通过普通的方式为对象添加属性时，Vue 无法实时监视到
    //vm.$forceUpdate();
    //$forceUpdate; 迫使 Vue 实例重新被渲染
};
```

在浏览器中运行程序，单击"增加一个属性"按钮，{{goods.name}}将显示"苹果"，实例被重新渲染。

第 6 章　Vue 组件

组件(Component)是 Vue 最强大的功能之一，其可重用性高，可减少重复性的开发。组件是用基础的元素构建成较复杂且可复用的代码单元，将这些可复用代码封装起来构成的组件可在需要的时候调用，从而达到快捷开发、方便维护的目的。

6.1　Vue 组件概述

在 Vue 中，组件是构成页面的独立结构单元，是从 UI 界面的角度来进行划分的。Vue 可以把网页分割成很多组件，每个组件都包含属于自己的 HTML、CSS、JavaScript。另外，不同的组件也具有基本交互功能，根据业务逻辑可实现复杂的项目功能。

而用独立可复用的小组件来构建应用界面的过程就是一个搭积木的过程。几乎任意类型应用的界面都可以抽象为一个组件树，如图 6-1 所示。

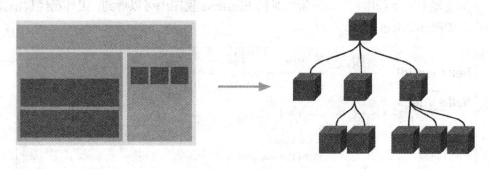

图 6-1　组件树

下面以一个示例来初步认识一下组件。

示例 6-1　组件示例代码如下：

```
<!doctype html>
<html>
<head>
<title>组件</title>
<script src="js/vue.js"></script>
</head>
<body>
```

```
<div id="app">
  <h3>{{message}}</h3>
  <!-- 把这个组件作为自定义元素来使用 -->
  <hello-word></hello-word>
</div>
<script>
//创建一个名为 hello World 的新组件
Vue.component("helloWord", {
    template: '<h3>hello Vue!</h3>'
    });
//创建 Vue 根实例
var vm = new Vue({
    el: '#app',
    data: {message: "hello world!" },
    });
</script>
</body>
</html>
```

代码分析：

首先定义一个名为 hello 的新组件并注册到 Vue 中；创建 Vue 根实例 vm，在 Vue 根实例 vm 挂载范围内，hello 组件作为自定义元素来使用。

在浏览器中运行程序，在开发者工具的 Elements 视图中可以看到，组件已经被渲染到网页中，如图 6-2 所示。

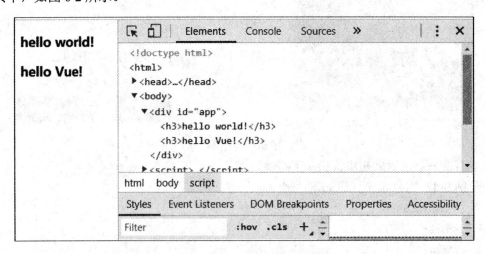

图 6-2　运行效果

在开发者工具中切换到 Vue 视图，在组件层级视图中可以看到，<Root>根组件下有 <Hello>组件，如图 6-3 所示。

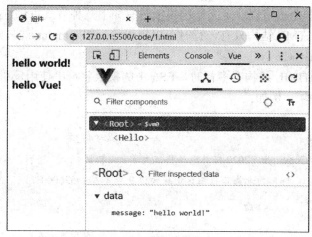

图 6-3　运行效果

从图 6-3 中可以看出，选中<Root>根组件，可以看到 Vue 根实例 vm 的数据，<Root>根组件是 Vue 根实例 vm，也就是说 Vue 根实例 vm 也是组件。组件是可复用的 Vue 实例，所以在创建组件时与用 new Vue()创建实例可接收相同的选项。

6.2　组件的定义及调用

6.2.1　全局组件的定义及调用

1. 全局组件的定义

语法：

　　　Vue.component('组件的名称', {以对象的形式描述组件的配置选项})

说明：

1)　"组件名称"的命名

规范中自定义组件名推荐是使用 kebab-case(短横线分隔命名)，字母全小写且必须包含一个连字符。这种写法可以帮助读者避免和当前以及未来的 HTML 元素相冲突。例如 Vue.component('my-component-name', { /* ... */ }))，在引用这个自定义元素时使用 kebab-case，如<my-component-name>。

当使用 PascalCase (首字母大写命名) 定义一个组件时，用"-"连接。例如将组件名称命名为: "helloWord"，调用该组件可用<hello-word>或<hello-Word>。

2)　配置选项对象

创建组件的配置选项对象与 new Vue()创建实例接收相同的选项对象，选项对象属性有 data、computed、watch、methods 以及生命周期钩子等，而 el 选项是根实例特有的选项。一个组件可以预定义很多选项，最核心的是以下两个。

(1) 组件的结构模板(template)。

组件的结构模板(template)声明了数据和最终展现给用户的 DOM 之间的映射关系。注意，模板中只能有一个根节点。定义结构模板时有如下几种方式可供选择：

第 1 种方式：HTML 结构只有一行时可以用引号，即 template:"HTML 结构"。例如：

```
template: "<h3>hello Vue!</h3>"
```

第 2 种方式：HTML 结构有多行时，ES6 中的模板字符串使用反引号``进行拼接，即 template:`HTML 结构`。例如：

```
template: `
    <div>
        <p>Copyright@2020 桂林电子科技大学北海校区</p>
        <p>地址：广西北海市银海区南珠大道 9 号 邮编：536000</p>
    </div>
`
```

第 3 种方式：HTML 结构太多行时，建议使用<template id="模板 id 名称">…</template>标签定义，然后使用 template:"#模板 id 名称"引用。例如，在 HTML 结构区定义组件结构：

```
<template id="addr">
    <div>
        <p>Copyright@2020 桂林电子科技大学北海校区</p>
        <p>地址：广西北海市银海区南珠大道 9 号 邮编：536000</p>
    </div>
</template>
```

定义组件时 template 通过 id 号引用该结构，即 template:'#addr'。

使用< template>标签在结构中定义申明 template，有高亮显示，在结构内容比较多时这样定义较为方便。这种在外面定义好，配置时再挂上，结构更加清楚。

(2) 初始数据(data)。

data 可定义组件的初始数据，与 new Vue 的 data 选项的定义不同，组件是可复用的，所以数据要定义为私有的状态，必须要把 data 定义为一个函数，并且要求返回一个对象。例如：

```
data: function () {
    return {
        msg: 'hello Vue!'
    }
},
```

2. 全局组件的调用

全局组件在全局都可以调用。调用组件的方法同使用标签的方法一样，将标签名替换为组件名即可。

示例 6-2　全局组件的定义及调用示例代码如下：

```
<!doctype html>
<html>
<head>
```

```
      <title>组件</title>
      <script src="js/vue.js"></script>
  </head>
  <body>
    <div id="app">
      <button-counter></button-counter>
      <button-counter></button-counter>
    </div>
    <div id="app1">
      <button-counter></button-counter>
      <button-counter></button-counter>
    </div>
    <script>
      Vue.component('button-counter', {
        template: `<button v-on:click="add">
              单击我{{ count }}次
                </button>`,
        data: function () {
          return {
            count: 0
          }
        },
        methods: {
          add: function () {
            this.count++
          },
        }
      });
      var vm1 = new Vue({
        el: "#app",
      })
      var vm2 = new Vue({
        el: "#app1",
      })
    </script>
  </body>
</html>
```

　　在浏览器中运行程序，单击第一行的第二个按钮 1 次，单击第二行的第一个按钮 2 次，单击第二行的第二个按钮 3 次，打开开发者工具的 Elements 视图，效果如图 6-4 所示。

图 6-4　运行效果

示例 6-2 中，button-counter 组件是全局组件，其在 Vue 实例 vm1 和 vm2 的挂载范围内都可以使用。组件定义后可以多次调用，在 Vue 实例 vm1 和 vm2 的挂载范围内分别调用了两次组件。每个组件的实例数据都是独立的，所以单击各按钮时数据之间互不影响。

全局组件定义在 Vue 的构造函数上，只要 new Vue()生成实例，该 Vue 实例就会有定义的这个组件，这个实例所挂载的区域都可以使用这个组件。

6.2.2　局部组件的定义及调用

局部组件是定义在 Vue 实例上的，在哪个实例上定义，就在哪个实例所挂载的区域内使用。使用配置项 components(复数)，一个实例可以配置多个组件，多个组件配置在一个对象中。其语法为：

```
components: {
    组件名 1: { 组件配置选项 },
    组件名 2: { 组件配置选项 },
        …

    }
```

局部组件只在定义它的实例所挂载的区域内使用，其调用方法与全局组件的调用方法相同，而调用组件同使用标签一样，将标签名更换为组件名即可。

示例 6-3　局部组件的定义及调用示例代码如下：

    <!doctype html>

```html
<html>
<head>
    <meta charset="utf-8">
    <title>组件</title>
    <script src="js/vue.js"></script>
</head>
<body>
    <div id="app">
        <top></top>
        <main-part></main-part>
        <bottom></bottom>
    </div>
    <div id="app1">
        <top></top>
    </div>
    <script>
        var vm1 = new Vue({
            el: "#app",
            components: {
                "top": {
                    template: `<div><h3>这是头部</h3></div>`
                },
                "main-part": {
                    template: `<div><h3>这是主体部分</h3></div>`
                },
                "bottom": {
                    template: `
        <div>
            <p>Copyright@2020XXXXX</p>
            <p>地址：XXXXXXXX　邮编：XXXXXX</p>
         </div>
           `
                }
            }
        });
        var vm2 = new Vue({
            el: "#app1",
        });
    </script>
```

```
    </body>
    </html>
```

Vue 实例 vm1 的 components 选项中定义了三个组件，在 vm1 挂载的#app 区域内可以使用这三个组件，但在#app1 区域内不可以使用。在浏览器中运行程序，在 vm1 挂载的#app 区域内调用的三个组件正常渲染，而在 vm2 挂载的#app1 区域内调用的 top 组件没有被渲染，打开开发者工具，在 Elements 视图中可以看到被解释的代码，在 Console 视图中可以看到错误提示。示例 6-3 的运行效果如图 6-5 所示。

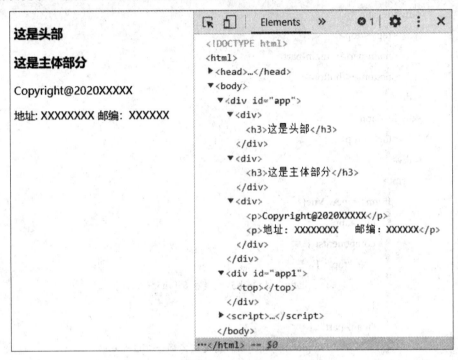

图 6-5   运行效果

6.3   组件的层级关系

网页可以合理地分割成很多组件，组件可以嵌套，并在组件层级形成父子关系、兄弟关系。

1. 定义全局组件的层级关系

全局组件的层级关系是在调用时确定的。

示例 6-4   全局组件的层级关系示例代码如下：

```
    <!doctype html>
    <html>
    <head>
        <title>定义全局组件的层级关系</title>
        <script src="js/vue.js"></script>
```

```
    </head>
    <body>
        <div id="app">
            <first></first>
            <second></second>
            <third></third>
        </div>
        <template id="t1">
          <div>
                <h3>我是第 1 个组件</h3>
                <third></third>
          </div>
        </template>
        <template id="t2">
          <div>
                <h3>我是第 2 个组件</h3>
                <third></third>
          </div>
        </template>
        <template id="t3">
          <div>
                <h5>我是第 3 个组件</h5>
          </div>
        </template>
        <script>
          Vue.component('first', {
              template: '#t1'
          });
          Vue.component('second', {
              template: '#t2'
          });
          Vue.component('third', {
              template: '#t3'
          });
          var vm = new Vue({
              el: "#app"
          });
        </script>
    </body>
```

```
</html>
```

在浏览器中运行程序，打开开发者工具的 Vue 视图，效果如图 6-6 所示。

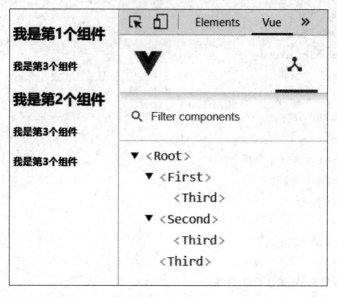

图 6-6　运行效果

示例 6-4 中定义了 first、second、third 三个全局组件，first、second 组件中都调用了 third 组件，first 与 third、second 与 third 便是父子关系。在实例 DOM 根节点 app 中同时调用了 first、second、third 组件，这三个组件是平级的兄弟关系，可见全局组件的层级关系是在调用时确定的。

2. 定义局部组件的层级关系

局部组件定义层级关系时，每个组件都有 Components 配置选项来配置嵌套下级组件。

示例 6-5　定义局部组件的层级关系代码如下：

```
<!doctype html>
<html>
<head>
    <title>定义局部组件的层级关系</title>
    <script src="js/vue.js"></script>
</head>
<body>
    <div id="app">
        <father></father>
        <!--  <first-child></first-child> -->
        <!--  <second-child></second-child> -->
    </div>
    <template id="t1">
        <div>
```

```
        <h3>我是父组件</h3>
        <first-child></first-child>
        <second-child></second-child>
      </div>
    </template>
    <template id="t2">
      <div>
        <h5>我是第 1 个子组件</h5>
      </div>
    </template>
    <template id="t3">
      <div>
        <h5>我是第 2 个子组件</h5>
      </div>
    </template>
    <script>
      var vm = new Vue({
        el: "#app",
        components: {
          "father": {
            template: "#t1",
            components: {
              "first-child": {
                template: "#t2",
              },
              "second-child": {
                template: "#t3",
              },
            }
          }
        }
      });
    </script>
  </body>
</html>
```

在浏览器中运行程序，打开开发者工具的 Vue 视图，效果如图 6-7 所示。

图 6-7　运行效果

在 father 组件的 components 配置选项中配置了两个子组件 first-child、second-child，first-child、second-child 平级，称为兄弟组件，它们的父组件都是 father，father 的父组件是根组件 Root。组件的层级关系如图 6-7 中的 Vue 视图所示。父组件和子组件不能同级调用，只能在父组件中调用子组件，示例 6-5 中的 father 组件在 Root 组件中调用，first-child、second-child 组件在 father 组件中调用。在 Root 组件中不能调用 first-child、second-child 组件。

6.4　组件之间的通信

组件默认只能调用自己的属性和方法，不能调用其他组件的属性和方法，如要调用就需要用到数据通信。

Vue 组件提供了纯自定义元素所不具备的一些重要功能，最突出的是跨组件数据流、自定义事件通信以及构建工具集成。

Vue 组件的通信方式有如下几种。

6.4.1　父组件传递数据给子组件

组件实例的作用域是孤立的，这意味着不能并且不应该在子组件的模板内直接引用父组件的数据，子组件需要获取父组件的数据时，应显式地使用 props 选项。

在子组件中定义结构，数据定义在父组件中，在调用子组件时，通过绑定属性来传值，在子组件中用 props 选项定义属性来接收父组件传来的数据。

1. 字面量语法(传递具体固定的数据)

示例 6-6　父组件传递具体固定的数据给子组件，代码如下：

```
<!doctype html>
<html>
<head>
    <title>组件之间传递数据</title>
    <script src="js/vue.js"></script>
```

```
    </head>
    <body>
      <div id="app">
        <child msg="小学"></child>
      </div>
      <script>
        Vue.component('child', {
          props: ['msg'],
          template: `<h2>{{msg}}招生报名系统</h2>`
        });
        var vm = new Vue({
          el: "#app"
        })
      </script>
    </body>
    </html>
```

在浏览器中运行程序，打开开发者工具的 Vue 视图，效果如图 6-8 所示。

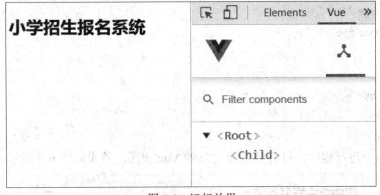

图 6-8　运行效果

在 child 组件中通过 props: ['msg'] 定义了一个属性 msg，Root 根组件中调用 child 组件，通过属性 msg="小学"，把数据"小学"传给了 child 组件，所以 child 组件能显示该数据。这种通过字面量传值的方法中，值是固定的，不能变化。

2. 动态语法

类似于用 v-bind 将 HTML 特性绑定到一个表达式，可以用 v-bind 将动态 props 绑定到父组件的数据上。每当父组件的数据变化时，该变化也会传导给子组件。

示例 6-7　动态绑定传值示例代码如下：

```
    <!doctype html>
    <html>
    <head>
      <title>组件之间传递数据</title>
```

```
<script src="js/vuc.js"></script>
</head>
<body>
<div id="app">
  <child v-bind:msg='stage' :open='open'></child>
</div>
<script>
  Vue.component('child', {
    template: `<div>
        <h2>{{msg}}招生报名系统</h2>
        <h3 v-show='open'>没到报名时间，系统暂没有开放！</h3>
        </div>`,
    props: ['msg', 'open'],
  });
  var vm = new Vue({
    el: "#app",
    data: {
      stage: "初中",
      open: true
    }
  })
</script>
</body>
</html>
```

在浏览器中运行程序，打开开发者工具的 Vue 视图，效果如图 6-9 所示。

图 6-9　运行效果

在 child 组件中定义了 msg、open 两个属性，在父组件即根组件中调用 child 组件，通过 v-bind 指令绑定这两个属性，接收父组件传来的数据。

组件可以为 props 指定验证要求，此时 props 的值是一个对象。此例中的 props: ['msg', 'open']改写成验证的示例代码如下：

```
props:{
        msg:String,
        open:Boolean
    }
```

当 props 验证失败时，Vue 将拒绝在子组件上设置此值。

3. 子组件调用父组件的方法

父组件调用子组件时通过绑定自定义事件，把方法传递给子组件，在子组件中通过 $emit 触发该事件。

示例 6-8 子组件调用父组件的方法示例代码如下：

```
<body>
  <div id="app">
    <child v-on:fmethod="show"></child>
    <p>{{msg}}</p>
  </div>
  <template id="t1">
    <div>
      <button @click="myclick">调用父组件中的方法</button>
    </div>
  </template>
  <script src="js/vue.js"></script>
  <script>
    var child = {
      template: "#t1",
      methods: {
        myclick() { this.$emit('fmethod'); }
      }
    };
    var vm = new Vue({
      el: "#app",
      data: {msg: " },
      methods: {
        show() {this.msg = "我是父件中的方法"; }
      },
      components: { child: child }
    })
  </script>
```

```
</body>
```

在浏览器中运行程序，单击"调用父组件中的方法"按钮，父组件的 show 方法被执行，效果如图 6-10 所示。

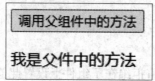

图 6-10　运行效果

6.4.2　子组件传递数据给父组件

1. 使用自定义事件

父组件调用子组件时，通过 v-on 指令绑定一个自定义事件，在子组件中通过$emit 触发该事件，执行在父组件中定义的处理函数(方法)，通过传递参数把数据传递给父组件。

示例 6-9　示例代码如下：

```html
<body>
  <div id="app">
    <child v-on:fmethod="show"></child>
    <p>{{msg}}</p>
  </div>
  <template id="t1">
    <div>
      <button @click="myclick">调用父组件中的方法</button>
    </div>
  </template>
  <script src="js/vue.js"></script>
  <script>
    var child = {
      template: "#t1",
      data:function() {return {msg:"来自子组件的数据"}},
      methods: {
        myclick() { this.$emit('fmethod',this.msg); }
      }
    };
    var vm = new Vue({
      el: "#app",
      data: { msg: '' },
      methods: { show(data) {this.msg = data; }},
      components: { child: child }
```

```
    })
    </script>
  </body>
```

　　在浏览器中运行程序，单击"调用父组件中的方法"按钮，执行 myclick()方法，myclick()
方法中的 this.$emit('fmethod',this.msg)命令触发 fmethod 事件，调用父组件的 show 方法，
this.msg 作为实参传入。打开开发者工具的 Vue 视图，效果如图 6-11 所示。

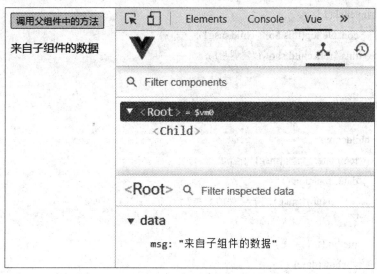

图 6-11　运行效果

2. 使用$refs

　　在调用子组件时使用 ref 属性，通过$refs 可得到 ref 属性值对应的组件实例，得到该
实例后，父组件就有了该子组件的控制权，可以访问该子组件的数据，也可以调用该子组
件的方法等。

　　示例 6-10　示例代码如下：

```
<!DOCTYPE html>
<html>
<head>
  <title>子组件与父组件</title>
  <script src="js/vue.js"></script>
</head>
<body>
<div id="app">
  <p>{{msg}}</p>
  <button v-on:click="myclick()">
    访问子组件的数据和方法
  </button>
  <childcomp ref="child"> </childcomp>
```

```
      </div>
      <script>
        var vm = new Vue({
          el: "#app",
          data: {msg: "根组件的数据"},
          methods: {
            myclick() {
              console.log(this.$refs.child.msg1);
              this.$refs.child.show("被调用");
            }
          },
          components: {
            childcomp: {
              template: '<p>{{msg1}}</p>',
              data: function () {
                  return {msg1: "子组件的数据" }
              },
              methods: {
                show(data) {
                    console.log("子组件的方法" + data)
                }
              }
            }
          }
        });
      </script>
    </body>
</html>
```

在浏览器中运行程序，单击"访问子组件的数据和方法"按钮，打开开发者工具的 Console 视图，效果如图 6-12 所示。

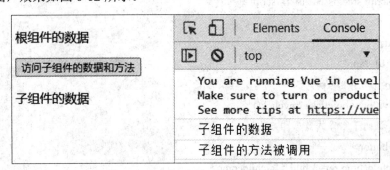

图 6-12　运行效果

6.4.3　平级(兄弟)组件及任意组件的数据传递

前面介绍了父级、子级之间的数据传递，本节介绍平级和跨级数据通信。事件总线可以用于任何组件之间的通信，以解决平级跨级传递的问题。

在程序中先定义事件总线，定义事件总线的语句为：var bus=new Vue()。在使用事件总线传递数据的两个组件中，一个组件使用 bus.$on 侦听事件，另一个组件使用 bus.$emit 触发事件。

示例 6-11　兄弟之间数据传递的代码如下：

```html
<body>
<div id="app">
  <component1></component1>
  <component2></component2>
</div>
<template id="t1">
  <div style="border:1px solid red; padding: 10px;margin: 10px;;">
    我是组件 1,
    获取到组件 2 的数据：{{msg1}}
  </div>
</template>
<template id="t2">
  <div style="border:1px solid red; padding: 10px;margin: 10px;;">
    我是组件 2
    <button @click="send">把组件 2 的数据传递给组件 1</button>
  </div>
</template>
<script src="js/vue.js" ></script>
<script>
  var bus = new Vue({});
  var vm = new Vue({
    el: "#app",
    components: {
      "component1": {
        template: "#t1",
        data() {
          return { msg1: "" }
        },
        mounted() {
          bus.$on("data-transmit", msgs2 => {
```

```
                    this.msg1 = msgs2
                })
            },
        },
        "component2": {
            template: "#t2",
            data() { return { msg2: "我是组件 2 的数据" } },
            methods: {
                send() {
                    bus.$emit("data-transmit", this.msg2);
                }
            },
        }
    }
})
</script>
</body>
```

在浏览器中运行程序，单击"把组件 2 的数据传递给组件 1"按钮，效果如图 6-13 所示。

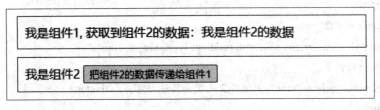

图 6-13　运行效果

6.5　动　态　组　件

多个组件可以使用同一个挂载点。要在同一个挂载点的多个组件之间动态地切换，可以使用内置组件 component 的 is 属性动态地绑定组件，并根据 is 的值来决定哪个组件被渲染。

示例 6-12 动态组件的示例代码如下：

```
<!doctype html>
<html>
<head>
    <title>动态组件</title>
    <script src="js/vue.js"></script>
</head>
<body>
```

```
<div id="app">
  <input type="radio" name="tab" value="pane1" v-model="notice">充话费
  <input type="radio" name="tab" value="pane2" v-model="notice">旅行
  <input type="radio" name="tab" value="pane3" v-model="notice">车险
  <component v-bind:is="notice"></component>
</div>
<template id="t1">
  <div style="width: 200px;height:200px;border: 1px solid;">
    <h3>充话费内容展示区</h3>
    <input type="text" placeholder="请输入手机号">
  </div>
</template>
<template id="t2">
  <div style="width: 200px;height:200px;border: 1px solid;">
    <h3>旅行内容展示区</h3>
    <input type="text" placeholder="出发城市">
  </div>
</template>
<template id="t3">
  <div style="width: 200px;height:200px;border: 1px solid;">
    <h3>车险内容展示区</h3>
  </div>
</template>
<script>
  var vm = new Vue({
    el: '#app',
    data: { notice: "pane1"},
    components: {
      'pane1': {template: '#t1'},
      'pane2': {template: '#t2'},
      'pane3': {template: '#t3'},
    }
  });
</script>
</body>
</html>
```

以上代码中，三个单选按钮的 value 值设置为组件名称，三个单选按钮双向绑定 notice 数据；单击单选按钮，该单选按钮的 value 值就更新 notice 的值；componen 组件的 is 属性动态地绑定 notice 值，根据 is 的值来决定哪个组件被渲染。在浏览器中运行示例 6-12 中的代码，单击"旅行"单选按钮，显示 pane2 组件，效果如图 6-14 所示。

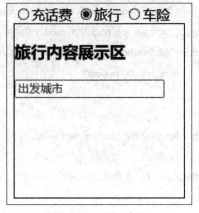

图 6-14　运行效果

6.6　内置组件 keep-alive

keep-alive 组件包裹动态组件时，会缓存不活动的组件实例，而不是销毁它们；它会把切换出去的组件缓存在内存中，从而可以保留组件的状态或避免其被重新渲染。keep-alive 组件主要用于保留组件状态或避免组件被重新渲染。

示例 6-13　给示例 6-12 的<component>加套<keep-alive>标签，代码如下：

```
<keep-alive>
<component v-bind:is="notice"></component>
</keep-alive>
```

在浏览器中运行程序，在"充话费"界面上输入电话"88888888"，然后单击"旅行"单选按钮，显示 pane2 组件；再单击"充话费"单选按钮，显示 pane1 组件，之前输入的电话"88888888"仍然存在，效果如图 6-15 所示。

图 6-15　运行效果

6.7　插　　槽

Vue 实现了一套内容分发的 API，将插槽<slot>元素作为承载分发内容的出口。插槽必须在有父子关系的组件中使用，在子组件的模板中写插槽<slot>用来占位，在父组件调用时把内容插入。

1. 在子组件中定义插槽

在子组件中定义插槽的语法如下：

```
<slot name="插槽名"　v-bind:属性(prop)='表达式'>插槽默认的内容</slot>
```

说明：

(1) 为区分不同的插槽，通过 name 给插槽命名，一个不带 name 的<slot>会带有隐含的名字"default"。

(2) 如果要在一个插槽中使用数据，则可以通过 v-bind 指令绑定属性 prop 传递数据。

2. 在父组件中调用插槽

在父组件中调用插槽的语法如下：

```
<template v-slot:插槽名="数据对象">插入的内容</template>
```

说明：

(1) v-slot 指令可以缩写为"#；参数：插槽名 (可选，默认值是 default)"；v-slot 指令仅限在<template>标签中使用。"数据对象"接收绑定属性 prop 的插槽的数据。

(2) 插入的内容可以包含任何模板代码，包括 HTML，甚至其他的组件。插入的内容插入到"v-slot：插槽名"指定的"插槽名"命名的插槽中。如果没有指定插槽名，则插入的内容将插入到没有命名的插槽中。

(3) 当父组件调用没有传入内容的有插槽的子组件时，就会显示插槽默认的内容。

示例 6-14　代码如下：

```
<!doctype html>
<html>
<title>插槽</title>
<head>
<script src="js/vue.js" ></script>
</head>
<body>
<div id="app">
   <h3>插槽的使用</h3>
   <father></father>
</div>
<template id="father">
   <div style="border:1px solid black; padding: 10px;">
```

```
            <h4>我是父组件</h4>
            <child>
              <template v-slot:header>
                <p>我是头部的内容</p>
              </template>
              <p>我是放入插槽的内容</p>
              <template #footer={address,phone}>
                <p>{{address}} {{phone}}</p>
              </template>
            </child>
        </div>
    </template>
    <template id="child">
      <div style="border:1px solid red;padding: 5px;">
          <h4>我是子组件</h4>
          <header>
            <slot name="header">我是默认头部</slot>
          </header>
          <main>
            <slot>我是默认内容</slot>
          </main>
          <footer>
            <slot name="footer" :address='address' :phone="phone" ></slot>
          </footer>
      </div>
    </template>
    <script>
    var vm1 = new Vue({
        el: "#app",
        components:{
          father:{
            template:'#father',
            components:{
              child:{
                template:'#child',
                data(){
                    return{address:'广西北海',phone:'88888888'}
                },
              }
```

```
}}}})
</script>
</body>
</html>
```

示例中子组件 child 中定义了三个插槽，第一个和第三个是有命名的插槽，第三个插槽绑定了要在插槽中使用的数据 address 和 phone。在父组件调用该子组件时，通过"v-slot: 插槽名"对应子组件的插槽。当组件被渲染时，父组件传入的内容插入到"v-slot: 插槽名"对应的插槽中，<slot></slot>中的默认内容将被传入的内容替换。

在浏览器中运行示例 6-14 中的程序，打开开发者工具的 Elements 视图，效果如图 6-16 所示。

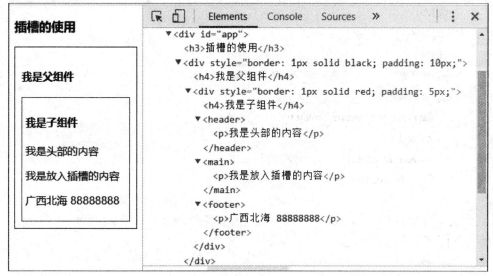

图 6-16　运行效果

6.8　单个文件组件

使用 Vue.component 来创建全局组件时，它会强制要求每个 component 中的命名不得重复，template 选项用模板字符串模板，模板字符串缺乏语法高亮，只支持行间样式，而单个文件组件提供了克服这些缺点的方法。

单个文件组件是把组件代码按照 template、style、script 的拆分方式，放置到对应的.vue文件中。单个文件组件有语法高亮、组件作用域的 CSS 等，可以使用预处理器来构建简洁和功能更丰富的组件。

单个文件组件由结构 template、样式 style、脚本 script 三部分组成，其结构代码如下：

```
<template>
    //结构
</template>
<script>
```

```
//JavaScript
</script>
<style scoped>
    //CSS
</style>
```

示例 6-15　单个文件组件示例代码如下：

```
<template>
  <div id="app">
    <input id="count" type="text" v-model="count"/>
    <input id="add" type="button" value="加 1" v-on:click="add"/>
  </div>
</template>
<script>
//导出当前组件，导出的是一个 Vue 实例对象
  export default {
      data:function(){return {count:0}},
      methods: {
          add: function(){
            this.count++
          }
      }
  }
</script>
<style lang="less" scoped>
//lang 属性指定 CSS 预编译语言
//scoped 样式只在当前组件有效
#app{
  color:blue;
  input{
    border: 1px solid;
  }
}
</style>
```

单个文件组件是后缀名为 .vue 的文件，但该类文件不能直接在浏览器中执行，需要转换。在第 9 章介绍 vue-cli 脚手架后，会介绍单个文件组件的使用。

第 7 章　Vue 过渡与动画

Vue 在插入、更新或者移除 DOM 元素时，提供了多种不同的方式来应用过渡效果，如在 CSS 过渡和动画中自动应用 class，在过渡钩子函数中使用 JavaScript 直接操作 DOM，使用第三方 CSS 动画库或第三方 JavaScript 动画库。

7.1　transition 组件

Vue 提供了 transition 组件，在条件渲染 (使用 v-if)、条件展示 (使用 v-show)、动态组件及组件根节点中可以给任何元素和组件添加进入/离开过渡。transition 组件只会把过渡效果应用到其包含的内容上。当插入或删除包含在 transition 组件中的元素时，Vue 将会做以下处理：

(1) 自动嗅探目标元素是否应用了 CSS 过渡或动画，如果是，则在恰当的时机添加/删除 CSS 类名。

(2) 如果过渡组件提供了 JavaScript 钩子函数，则这些钩子函数将在恰当的时机被调用。

(3) 如果没有找到 JavaScript 钩子函数并且也没有检测到 CSS 过渡/动画，则 DOM 操作 (插入/删除) 在下一帧中立即执行。

7.2　transition 组件应用 CSS 过渡或动画

在应用 CSS 过渡或动画时，transition 组件会在恰当的时机添加/删除 CSS 类。transition 组件提供了如下 6 个过渡类。

(1) v-enter：定义进入过渡的开始状态。在元素被插入之前生效，在元素被插入之后的下一帧移除。

(2) v-enter-active：定义进入过渡生效时的状态。在整个进入过渡的阶段中应用，在元素被插入之前生效，在过渡/动画完成之后移除。这个类可以被用来定义进入过渡的过程时间、延迟和曲线函数。

(3) v-enter-to：定义进入过渡的结束状态。在元素被插入之后下一帧生效(与此同时 v-enter 被移除)，在过渡/动画完成之后移除。

(4) v-leave：定义离开过渡的开始状态。在离开过渡被触发时立刻生效，下一帧被移除。

(5) v-leave-active：定义离开过渡生效时的状态。在整个离开过渡的阶段中应用，在离开过渡被触发时立刻生效，在过渡/动画完成之后移除。这个类可以被用来定义离开过渡的过程时间、延迟和曲线函数。

(6) v-leave-to：定义离开过渡的结束状态。在离开过渡被触发之后下一帧生效 (与此同时 v-leave 被删除)，在过渡/动画完成之后移除。

在上述 6 个过渡类中，前 3 个类是进入过渡的类，后 3 个类是离开过渡的类。在进入/离开过渡中，这 6 个过渡类之间互相切换。在一个过渡周期中这 6 个过渡类存在的时间点如图 7-1 所示。

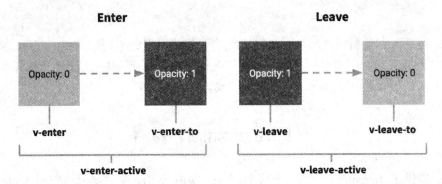

图 7-1　transition 过渡周期与过渡类

对于这些在过渡中切换的类名来说，如果使用一个没有 name 属性的<transition>，则 v- 是这些类名的默认前缀。如果使用了 name 属性，则这些类名的前缀就是 name 属性值-，如<transition name="my-transition">，而 v-enter 会替换为 my-transition-enter。

7.2.1　单元素/组件过渡

transition 组件中只包含一个元素，在该元素插入或删除时定义过渡动画。

示例 7-1　示例代码如下：

```
<!DOCTYPE html>
<html>
<head>
    <title>过渡</title>
    <script src="js/vue.js"></script>
</head>
<body>
<div id="app">
    <input type="checkbox" v-model="already" id="ck" />
    <label for="ck">我已详细阅读报名需知</label>
    <transition name="fade" >
        <p v-if="already"><button>取号预报名</button></p>
    </transition>
```

```
    </div>
    <script>
      var vm = new Vue({
        el: "#app",
        data: {already: false}
      });
    </script>
    <style>
      /*.fade-enter 定义进入过渡的开始状态*/
      /*.fade-leave-to 定义离开过渡的结束状态*/
      .fade-enter,
      .fade-leave-to {
        opacity: 0;
        transform: translateX(100px);
      }
      /*进入过渡和离开过渡的过程中 */
      .fade-enter-active,
      .fade-leave-active {
        transition: all 2s;
      }
    </style>
    </body>
    </html>
```

在浏览器中运行程序，单击选中"我已详细阅读报名需知"复选框，"取号预报名"按钮从右边淡入到左边，运行效果如图 7-2 所示。当再次单击取消选中"我已详细阅读报名需知"复选框，"取号预报名"按钮则从左边淡出到右边。

图 7-2　运行效果

分析：程序中给 transition 组件设置了 name="fade"，在定义样式时 fade 为类名的前缀，如例中的 .fade-enter、.fade-leave-to、.fade-enter-active、.fade-leave-active。这样，在定义好样式后，无需手动引用，transition 组件在恰当的时机为"取号预报名"按钮元素添加和删除这些样式类。

7.2.2　多个元素过渡

transition 组件中包含多个元素，这些元素在插入或删除时可定义过渡动画。

示例 7-2　修改示例 7-1 的结构代码，其他代码不变。代码如下：

```
<div id="app">
    <input type="checkbox" v-model="copyright" id="ck" />
    <label for="ck">我已详细阅读报名需知</label>
    <transition name="fade" appear mode="out-in">
        <p v-if="copyright" key="1"><button>取号预报名</button></p>
        <p v-else key="2"> 先阅读报名需知后报名</p>
    </transition>
</div>
```

在浏览器中运行程序，首先看到"先阅读报名需知后报名"从右边淡入到左边，如图7-3 所示。这是因为 transition 组件设置了 appear 属性，appear 属性用于设置节点在初始渲染时也应用过渡效果。

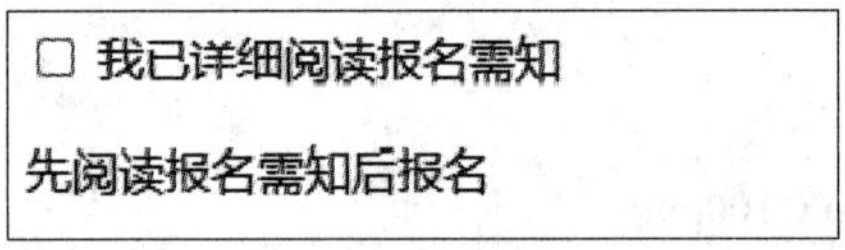

☐ 我已详细阅读报名需知

先阅读报名需知后报名

图 7-3　运行效果

单击选中复选框"我已详细阅读报名需知"，"先阅读报名需知后报名"先从左边淡出到右边，接着"取号预报名"按钮从右边淡入到左边，运行结果如图 7-2 所示。当前被删除的元素先出，新添加的元素后入，这是因为给 transition 组件设置了 mode 属性，属性值为"out-in"。mode 属性用来设置过渡模式，有两种过渡模式 in-out 和 out-in。in-out：新添加的元素先过渡进入，完成之后当前元素过渡离开；out-in：当前元素先过渡离开，完成之后新添加的元素过渡进入。

此例中 transition 组件包含了两个 p 元素，每个 p 元素都设置了 key 属性，并且值不相同。当有相同标签名的元素切换时，需要通过 key 属性设置唯一的值来标记，从而使 Vue 可以区分它们，否则 Vue 只会替换相同标签内部的内容，不会添加/删除元素，也就不会触发过渡效果。

7.2.3　多个组件过渡

多个组件的过渡较为简单，不需要使用 key 属性，只需要使用动态组件。

示例 7-3　示例代码如下：

```
<!doctype html>
<html>
<head>
    <title>动态组件过渡</title>
    <script src="js/vue.js"></script>
</head>
<body>
<div id="app">
    <input type="radio" name="tab" value="v-a" v-model="view">A
```

```html
        <input type="radio" name="tab" value="v-b" v-model="view">B
        <input type="radio" name="tab" value="v-c" v-model="view">C
        <transition name="fade" mode="out-in">
            <component v-bind:is="view"></component>
        </transition>
    </div>
    <script>
        var vm = new Vue({
            el: '#app',
            data: {view: 'v-a'},
            components: {
                'v-a': {template: '<div>Component A</div>' },
                'v-b': {template: '<div>Component B</div>' },
                'v-c': {template: '<div>Component C</div>' }
            }
        });
    </script>
    <style>
        /*.fade-enter 定义进入过渡的开始状态*/
        /*.fade-leave-to 定义离开过渡的结束状态*/
        .fade-enter,
        .fade-leave-to {
            opacity: 0;
            transform: translateX(100px);
        }
        /*进入过渡和离开过渡的过程中 */
        .fade-enter-active,
        .fade-leave-active {
            transition: all 2s;
        }
    </style>
    </body>
    </html>
```

在浏览器中运行程序，效果如图 7-4 所示。可见，在组件之间进行切换时，实现了过渡效果。

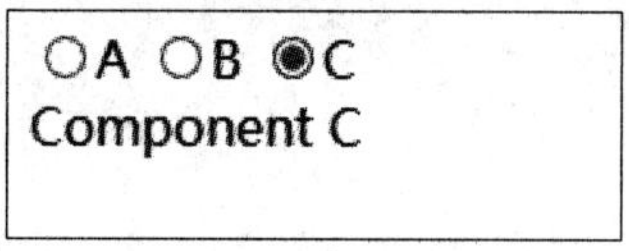

○A ○B ◉C
Component C

图 7-4　运行效果

7.2.4　列表过渡

列表过渡使用 transition-group 组件，不同于 transition 组件，transition-group 组件的特点如下：

(1) 渲染时会以一个真实元素呈现，默认为<span>，可以通过 tag 属性更换为其他元素。

(2) 其 mode 属性不可用，不能设置过渡模式，也不需要相互切换特有的元素。

(3) 内部元素总是需要提供唯一的 key 属性值。

(4) CSS 过渡的类将会应用在内部的元素中，而不是组件/容器本身。

示例 7-4　示例代码如下：

```
<!DOCTYPE html>
<html>
<head>
  <title>列表过渡</title>
  <script src="./js/vue.js"></script>
</head>
<body>
<div id="app">
  <h3>儿童入学报名信息</h3>
  <form>
    <p><label for=" name">儿童姓名:</label>
      <input type="text" v-model="stuInfo.name" id="name" /></p>
    <p><label for="tel">家长电话:</label>
      <input type="tel" v-model="stuInfo.tel" id="tel" /></p>
    <p><button @click="add" type="button">添加</button></p>
  </form>
  <transition-group tag="ul" name="fade">
    <li v-for="(item, index) in students" :key="item.tel">
      {{ index+1 }} --{{ item.name }}-- {{ item.tel }}
      <button @click="del(index)">删除</button></li>
  </transition-group>
</div>
<script>
  var vm = new Vue({
    el: '#app',
    data: {
      stuInfo: { tel: ",name: "},
      students: []
    },
    methods: {
```

```
        add() {
            this.students.push(this.stuInfo);
            this.stuInfo = {};
        },
        del(index) {this.students.splice(index, 1); }
        }
    });
</script>
<style>
    /*.fade-enter 定义进入过渡的开始状态*/
    /*.fade-leave-to 定义离开过渡的结束状态*/
    .fade-enter,
    .fade-leave-to {
        opacity: 0;
        transform: translateX(100px);
    }
    /*进入过渡和离开过渡的过程中 */
    .fade-enter-active,
    .fade-leave-active {
        transition: all 2s;
    }
</style>
</body>
</html>
```

分析：使用 transition-group 组件设置 tag="ul"，每个列表项 li 元素 key 属性值取数据中的 tel 属性值，以确保 key 值的唯一性。

在浏览器中运行程序，添加的信息会从右边淡入到左边，运行效果如图 7-5 所示。

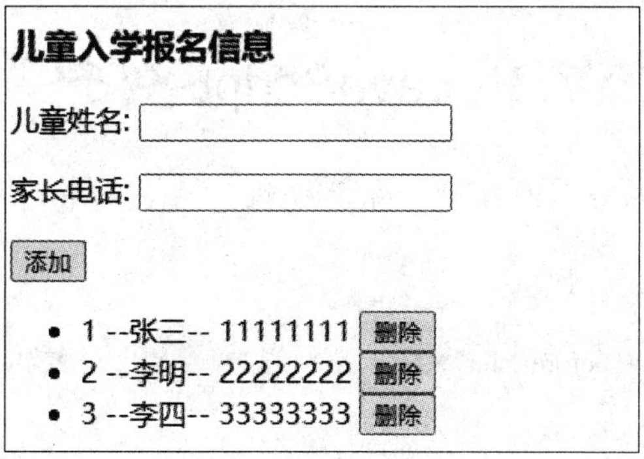

图 7-5　运行效果

单击图 7-5 中的任意一个"删除"按钮，被删除的元素会从左边淡出到右边，有过渡动画效果，但被删除元素下方的元素会瞬间移动到新的位置，而不是平滑地过渡。被删除元素下方的元素如要设置过渡动画效果，则要使用新增的 v-move 类，该类会在元素改变定位的过程中应用，为此还要为元素设置定位。同前面介绍的 6 个过渡类名一样，v-move 类可以通过 name 属性来自定义前缀。

示例 7-5　修改示例 7-4 中的样式代码，其他代码不变。代码如下：

```
<style>
  /*.fade-enter 定义进入过渡的开始状态*/
  /*.fade-leave-to 定义离开过渡的结束状态*/
  .fade-enter,
  .fade-leave-to {
    opacity: 0;
    transform: translateX(100px);
  }
  /*进入过渡和离开过渡的过程中 */
  .fade-enter-active{
    transition: all 2s;
  }
  .fade-leave-active {
    transition: all 2s;
    position: absolute; /*定位*/
  }
  /*该类会在元素改变定位的过程中应用*/
  .fade-move{
    transition: all 2s;
  }
</style>
```

在浏览器中运行程序，单击"删除"按钮，被删除的元素会从左边淡出到右边，有过渡动画效果，下面的元素也会平滑地过渡移动到新的位置。

7.3　JavaScript 钩子

可以在使用 transition 组件时通过 v-on 指定绑定 JavaScript 钩子函数，transition 过渡周期有如下钩子函数：

```
<transition
  v-on:before-enter="beforeEnter"
  v-on:enter="enter"
  v-on:after-enter="afterEnter"
  v-on:enter-cancelled="enterCancelled"
  v-on:before-leave="beforeLeave"
```

```
          v-on:leave="leave"
          v-on:after-leave="afterLeave"
          v-on:leave-cancelled="leaveCancelled"
      >
      <!-- ... -->
      </transition>
```

在 Vue 实例的 methods 中可定义这些钩子函数：

```
methods: {
    // 进入中
    beforeEnter: function (el) {
        // ...
    },
    //当与 CSS 结合使用时
    //回调函数 done 是可选的
    enter: function (el, done) {
        // ...
        done()
    },
    afterEnter: function (el) {
        // ...
    },
    enterCancelled: function (el) {
        // ...
    },

    //离开时
    beforeLeave: function (el) {
        // ...
    },
    //当与 CSS 结合使用时
    //回调函数 done 是可选的
    leave: function (el, done) {
        // ...
        done()
    },
    afterLeave: function (el) {
        // ...
    },
    // leaveCancelled 只用于 v-show 中
```

```
     leaveCancelled: function (el) {
        // ...
     }
  }
```

这些钩子函数可以结合 CSS transitions/animations 使用，也可以单独使用。当只使用 JavaScript 过渡时，在 enter 和 leave 中必须使用 done 进行回调。否则，它们将被同步调用，过渡会立即完成。

示例 7-6　示例代码如下：

```html
<!DOCTYPE html>
<html>
<head>
   <title>使用 Vue 钩子函数实现动画</title>
</head>
<body>
<div id="app">
   <input type="checkbox" v-model="already" id="ck" />
   <label for="ck">我已详细阅读报名需知</label>
   <transition
     @before-enter="beforeEnter"
     @enter="enter"
     @after-enter="afterEnter">
     <p class="show" v-if="already"> <button>取号预报名</button></p>
   </transition>
</div>
<script src="./js/vue.js"></script>
<script>
var vm = new Vue({
   el: '#app',
   data: { already: false},
   methods: {
     //动画钩子函数的第一个参数 el，表示要执行动画的那个 DOM 元素
     before Enter: function (el) {
        // before Enter 表示动画入场之前，动画尚未开始
        //可以在 beforeEnter 中，设置开始动画之前的起始样式
        //设置按钮的开始动画之前的透明度 0
        el.style = "opacity: 0";
        console.log("beforeEnter");
     },
     enter: function (el, done) {
```

```
//enter 表示动画开始之后，这里可以设置按钮完成动画之后的结束状态样式
//offsetHeight/offsetWeight 会强制动画刷新，如果不写，就没有动画效果。
    el.offsetHeight;
    el.style = "opacity: 1";
    console.log("enter");
    //执行 done 继续向下执行
    done();
},
afterEnter: function (el) {
    console.log("afterEnter");
},
}
})
</script>
<style>
    .show { transition: all 2s; }
</style>
</body>
```

在浏览器中运行程序，单击选中复选框"我已详细阅读报名需知"，"取号预报名"按钮平滑淡入地显示出来。运行效果如图 7-6 所示。

图 7-6　运行效果

7.4　CSS 动画

CSS 动画的用法同 CSS 过渡的用法，区别是在动画中 v-enter 类名在节点插入 DOM 后不会立即删除，而是在 animationend 事件触发时删除。

示例 7-7　修改示例 7-1 的样式代码，其他代码不变。代码如下：

```
<style>
/*进入和离开动画的过程中*/
    .fade-enter-active {
        animation: fade-animation 2s;
    }
    .fade-leave-active {
        animation: fade-animation 2s reverse;
    }
```

```
/*定义动画*/
@keyframes fade-animation {
    0% { opacity: 0; }
    50% { opacity: 0.5; }
    100% { opacity: 1; }
}
</style>
```

在浏览器中运行程序，单击选中复选框"我已详细阅读报名需知"，"取号预报名"按钮平滑淡入地显示出来，当再次单击复选框时，"取号预报名"按钮平滑淡出消失。

第 8 章　Vue 路由

前端搭建的模式有多页面模式和单页面模式，多页面模式中的每一个 URL 对应一个网页文件，每次切换页面(URL)时都要请求服务器重新加载页面；单页面(Single-page Application，SPA)开发模式是用户在切换 URL 时，不需要再请求服务器重新加载，而是定位到已加载了的同一个 HTML 文件中，单页面模式只在页面片段(组件)间切换，速度较快、用户体验好。

单页面模式是在客户端实现 URL 变化，显示不同内容的页面，该功能需要用到路由。将单页应用分割为各自功能合理的组件，路由用于设定访问路径，并将路径和组件映射起来；路由是连接单页应用中各组件之间的链条。

Vue 适合用于实现大型单页应用，其本身并没有提供路由机制，但是官方以插件(Vue Router)的形式提供了对路由的支持。Vue Router 可以监听 URL 的变化，并在变化前后执行相应的逻辑，从而实现不同的 URL 对应不同的组件。

使用 Vue.js + Vue Router 创建单页应用是非常简单的。Vue 通过组合组件来组成应用程序，Vue Router 将组件(components)映射到路由(routes)，然后告诉 Vue Router 在哪里渲染它们。

8.1　Vue Router 的安装和基本用法

8.1.1　安装 Vue Router

1. 下载 vue-router.js

登录下载地址 https://router.vuejs.org/zh/installation.html，下载 vue-router.js 并存放在项目 js 文件夹下。

2. 引入 Vue Router

在 HTML 页面先引入 Vue，接着引入 Vue Router，代码如下：

```
<script src="js/vue.js"></script>
<script src="js/vue-router.js"></script>
```

vue-router.js 在 vue.js 后加载，当加载 vue-router.js 后，在 Window 全局对象中，就有了一个路由的构造函数 Vue Router。

Vue Router 在模块化工程项目中使用，后续章节中会有介绍。

8.1.2　Vue Router 的基本用法

使用 Vue Route 需要完成如下几个配置：

(1) 引入 Vue.js 和 vue-router.js。

(2) 创建组件或已有创建好的组件。

(3) 配置路由，提供一个路由配置表，不同路径对应不同组件的配置。

(4) 创建路由实例 new VueRouter()，传入路由配置表。

(5) 把路由实例配置到 Vue 实例对象上。

(6) 提供一个路由出口(<router-view></router-view>)，用来挂载路由匹配到的组件，组件将渲染在这里。

Vue Router 提供了 <router-link>、<router-view> 这两个组件来处理导航与自动渲染逻辑。

(1) <router-link> 导航组件：支持用户在具有路由功能的应用中导航，通过传入 to 属性指定链接，默认会被渲染成一个 <a> 标签。

(2) <router-view> 视图组件：路由出口，路由匹配到的组件将渲染在这里。<router-view> 视图组件还可以内嵌自己的 <router-view>，并根据嵌套路径来渲染嵌套组件。

示例 8-1　如图 8-1 所示的单页应用，单击页面上的链接可进入相应的页面(组件)。

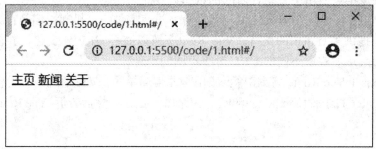

图 8-1　单页应用

实现分析：

(1) 下载 Vue.js 和 vue-router.js。

(2) 准备三个组件：主页(home)、新闻(news)、关于(about)。

(3) 把三个组件交给路由导航，设计路由与组件的对应关系表，如表 8-1 所示。

表 8-1　路由与组件的对应关系

名称	路由	组件
主页	/home	home
新闻	/news	news
关于	/about	about

(4) 创建路由实例 new VueRouter()，传入路由配置表。

(5) 把路由实例配置到 Vue 实例对象上。

(6) 在模板中加入导航链接和路由出口。

代码实现如下：

```html
<!doctype html>
<html>
<head>
    <!-- 引入 Vue 和 Vue Router -->
    <script src="js/vue.js"></script>
    <script src="js/vue-router.js"></script>
</head>
<body>
    <div id="app">
        <!-- 使用 router-link 组件来导航 -->
        <!-- 通过传入 "to" 属性指定链接 -->
        <router-link to="/home">主页</router-link>
        <router-link to="/news">新闻</router-link>
        <router-link to="/about">关于</router-link>
        <div>
            <!-- 路由出口,路由匹配的组件将渲染在这里 -->
            <router-view></router-view>
        </div>
    </div>
    <script>
        //准备需要的组件
        var home = Vue.component("home", {
            template: "<div>我是主页......</div>"
        });
        var news = Vue.component("news", {
            template: "<div>我是新闻页......</div>"
        });
        var about= Vue.component("about", {
            template: "<div>我是关于页......</div>"
        })
        //配置路由表，路由配置表是一个数组，元素是对象，对象有两个必须的属性：
        //属性 path：路由链接地址；
        //属性 component：匹配到当前的 path，则展示 component 属性对应的那个组件
        //即每一个路径(path)映射一个组件(component)
        var myRoutes = [
            { path: "/home", component: home },
            { path: "/news", component: news },
            { path: "/about", component: about },
```

```
    ]
    //创建路由实例,new VueRouter()创建路由实例时，传递一个配置对象,
    //把路由配置表配置到配置对象上
    var myRouter = new VueRouter({
        routes:myRoutes
    });
    //把路由实例配置到 Vue 实例对象上,
    //用来监听 URL 地址的变化，然后展示对应的组件
    var vm = new Vue({
        el: "#app",
        router:myRouter
    });
    </script>
</body>
</html>
```

在浏览器中运行程序，在浏览器中打开开发者工具的 Elements 视图，单击"新闻"导航到"新闻"组件，效果如图 8-2 所示。

图 8-2　运行效果

在 Elements 视图中可以看到，<router-link>默认会被渲染成"<a>"标签(渲染成浏览器可识别的 a 标签)，<router-view>会被渲染成"<div>"标签，在该"<div>"标签中是当前渲染的组件，代码对照如图 8-3 所示。

```
<div id="app">
    <!-- 使用 router-link 组件来导航 -->
    <!-- 通过传入"to" 属性指定链接 -->
    <router-link to="/home">主页</router-link>
    <router-link to="/news">新闻</router-link>
    <router-link to="/about">关于</router-link>
    <div>
        <!-- 路由出口,路由匹配到的组件将渲染在这里 -->
        <router-view></router-view>
    </div>
</div>
```

```
▼<div id="app">
    <a href="#/home" class>主页</a>
    <a href="#/news" class='router-link-exact-active
    router-link-active'>新闻</a>
    <a href="#/about" class>关于</a>
  ▼<div>
        <div>我是新闻页......</div>
    </div>
</div>
```

图 8-3　代码对照

执行过程分析：当单击"新闻"链接时，浏览器地址栏中的地址会变成在#号后加"/news"，接着去路由配置表中匹配"/news"这个路径，匹配到{ path: "/news", component: news }，所以在<router-view>渲染成的"<div>"标签中显示 news 组件。

8.2　设置路由被激活的链接样式

当 <router-link> 对应的路由匹配成功，该<router-link> 渲染时所生成的 a 标签元素将自动设置 class 属性值。例 8-1 在浏览器中运行，单击"新闻"链接，地址栏会显示：http://127.0.0.1:5500/code/1.html#/news，表明"新闻"链接是激活的。当链接被激活时，vue-router 会自动为<router-link>渲染时所生成的 a 标签元素赋予一个类(class)，在默认情况下，这个类是 router-link-active，如图 8-3 所示。可以为当前被激活的链接设置高亮等来区别于当前没有被激活的链接，如在示例 8-1 中设置样式：

　　　　<style>

　　　　　　　.router-link-active{color:red;}

　　　　</style>

接着再在浏览器中运行，此时被激活的链接显示为"红色"。如需修改默认的类名，可以在生成路由实例时，在路由配置对象中通过 linkActiveClass 属性来配置新类名，例如：

　　　　var myRouter = new VueRouter({

　　　　　　　routes:myRoutes,

　　　　　　　linkActiveClass: 'myactive'

　　　　});

设置样式也要用新的类名，如：

　　　　<style>

　　　　　.myactive{color:red;}

　　　　</style>

在浏览器中运行程序，效果是一样的，只是类名为新类名，如图 8-4 所示。

图 8-4　运行效果

8.3　设置路由切换过渡动画

使用过渡组件<transition>包裹路由出口<router-view></router-view>，例如修改例 8-1 的结构代码如下：

```
<transition mode="out-in">
    <router-view></router-view>
</transition>
```

修改例 8-1 的样式代码如下：

```
<style>
    .myactive{color:red;}
    .v-enter,
    .v-leave-to {
        opacity: 0;
    }
    .v-enter-active,
    .v-leave-active {
        transition: all 1s;
    }
</style>
```

在浏览器中运行程序，单击导航进行切换，会看到过渡的动画效果。

8.4　嵌套路由

一个被渲染的组件同样可以包含自己嵌套的 <router-view>，只需要在配置路由表时，配置 children 选项，children 选项可以给某个路由设置嵌套路由。实际生活中的应用界面通常由多层嵌套的组件组合而成，路由也需按某种结构对应嵌套的各层组件，这就需要设置嵌套路由。

示例 8-2　为示例 8-1 中的"新闻"下开设"国内新闻"和"地方新闻"导航，当单击"新闻"链接时，出现"国内新闻"和"地方新闻"导航，单击"国内新闻"和"地方新闻"导航时会出现相应的新闻内容，效果如图 8-5 所示。

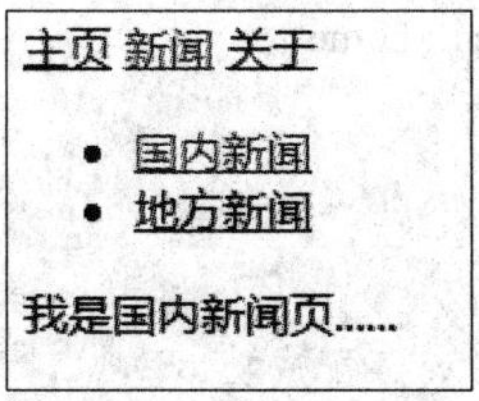

主页 新闻 关于

- 国内新闻
- 地方新闻

我是国内新闻页……

图 8-5　示例效果

在示例 8-1 代码的基础上的实现步骤如下：

(1) 在新闻 news 组件的模板中设置"国内新闻"和"地方新闻"的导航，添加一个路由出口<router-view></router-view>，来渲染国内新闻 nationalNews 组件和地方新闻 localNews 组件。

news 组件的模板：

```
<template id="news">
  <div>
   <ul>
    <li><router-link to="/news/nationalNews">国内新闻</router-link>
    </li>
    <li>
      <router-link to="/news/localNews">地方新闻</router-link>
     </li>
   </ul>
    <div class="right-content">
    <!-- 路由出口 -->
    <router-view></router-view>
    </div>
  </div>
</template>
```

(2) 创建 news、nationalNews、localNews 组件，代码如下：

```
var news = Vue.component("news", {
     template: "#news"
    });
var nationalNews=Vue.component("nationalNews", {
     template: "<div>我是国内新闻页......</div>"
    });
var localNews=Vue.component("localNews", {
```

```
        template: "<div>我是地方新闻页......</div>"
    });
```

(3) 配置路由配置表。路由配置 children 选项可以给 "/news" 路由设置嵌套路由，代码如下：

```
var myRoutes = [
    { path: "/home", component: home },
    { path: "/news",
     component: news,
     children: [ //二级路由
        //当/news/nationalNews 匹配成功，
        //nationalNews 组件会被渲染在 news 组件中
        {path: 'nationalNews',component: nationalNews},
        //当/news/localNews 匹配成功，
        //localNews 组件会被渲染在 news 组件中
        {path: 'localNews', component: localNews}
     ]
    },
    { path: "/about", component: about },
]
```

在浏览器中运行程序，单击"新闻"链接，展示新闻页，浏览器地址栏中的地址增加 "/news"；再接着单击"国内新闻"导航，接着展示国内新闻页，浏览器地址栏中的地址再增加 "/nationalNews"，效果如图 8-6 所示。

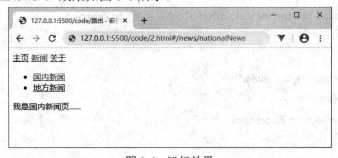

图 8-6　运行效果

8.5　命名路由

在配置路由表时，name 配置选项可以给某个路由设置名称。通过一个名称来标识一个路由显得更方便，特别是在链接一个路由，或者是执行一些跳转的时候。

例如，给示例 8-1 中的路由加命名：

```
var myRoutes = [
    { path: "/home",name:'h', component: home },
```

```
{ path: "/news",name:'n', component: news },
{ path: "/about",name:'a', component: about },
]
```

要链接到一个命名路由，可以绑定 router-link 的 to 属性，属性值为一个对象，语法格式为 v-bind:to="{ name: '路由名', params: {路由参数}}"，"v-bind:" 可以省略为 ":"，如没有参数，则可以不用写 params 属性。

例如，将示例 8-1 中的导航链接链接到命名路由：

```
<router-link :to="{name:'h'}">主页</router-link>
<router-link :to="{name:'n'}">新闻</router-link>
<router-link :to="{name:'a'}">关于</router-link>
```

在浏览器中运行，单击"新闻"链接，展示新闻页，地址栏显示的还是原路径"/news"，效果如图 8-7 所示。

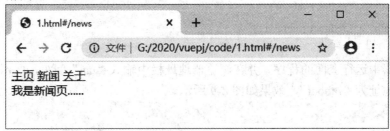

图 8-7　运行效果

8.6　路　由　别　名

可以用"别名"取代路径引用，"别名"的功能是将路径映射到任意的 URL。

在配置路由表时，alias 配置选项可以给某个路由设置别名。如给示例 8-1 的"新闻"路径设置一个别名"news.html"，代码如下：

```
var myRoutes = [
    { path: "/home",name:'h', component: home },
    { path: "/news",name:'n', component: news,alias:'/news.html' },
    { path: "/about",name:'a', component: about },
]
```

在浏览器中运行上面的程序，接着在浏览器地址栏中输入"/news.html"回车，展示新闻页，地址栏显示的地址为"/news.html"，效果如图 8-8 所示。

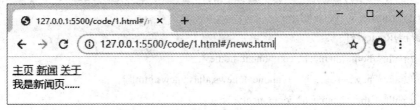

图 8-8　运行效果

8.7　路由重定向

"重定向"是当用户访问 /a 时，URL 将会被替换成 /b，然后去匹配路由/b。在配置路由表时，redirect 配置选项用于设置重定向，其可以是一个路径，或是一个命名的路由，甚至是一个方法动态返回的重定向目标。例如，给示例 8-1 中的路由配置，配置路径"aa"重定向到路径"/about"，代码如下：

```
var myRoutes = [
    { path: "/home",name:'h', component: home },
    { path: "/news",name:'n', component: news,alias:'/news.html' },
    { path: "/about",name:'a', component: about },
    {path:"/aa",redirect:'/about'},
    //{path:"/aa",redirect:{name:'a'}}
]
```

在浏览器中运行上面的程序，并在浏览器地址栏中输入"/aa"回车，展示关于页，地址栏显示的地址为"/about"，效果如图 8-9 所示。

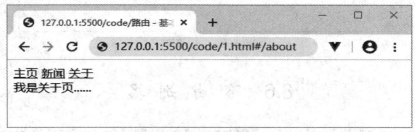

图 8-9　运行效果

路由的默认路径是"/"，示例 8-1 在浏览器中运行，只显示链接导航，如图 8-10 所示。

图 8-10　路由默认路径运行效果

如果在一开始运行就想要显示"首页"的内容，则可以把默认路径"/"重定向到"首页"的路径"/home"，代码如下：

```
var myRoutes = [
    { path: "/home",name:'h', component: home },
    { path: "/news",name:'n', component: news,alias:'/news.html' },
    { path: "/about",name:'a', component: about },
    {path:"/aa",redirect:'/about'},
```

```
//{path:"/aa",redirect:{name:'a'}},
{ path: "/",redirect:'home'},
]
```

在浏览器中运行上面的程序，地址显示的是"/home"路径，页面上显示了"主页"组件的内容，效果如图 8-11 所示。

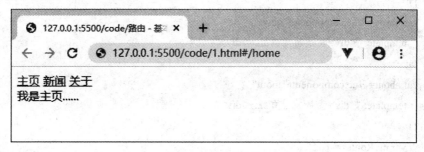

图 8-11　运行效果

8.8　命 名 视 图

如创建一个布局，需要同时(同级)展示多个视图，而不是嵌套展示，在界面中就需要拥有多个单独命名的视图组件<router-view>，分别来渲染对应的组件。通过 name 属性给视图组件命名，如果 router-view 没有设置名字，则默认为 default。

示例 8-3　代码如下：

```html
<!doctype html>
<html>
<head>
  <!-- 引入 Vue 和 VueRouter -->
  <script src="js/vue.js"></script>
  <script src="js/vue-router.js"></script>
  <style>
    .vbox{ width: 200px; height: 200px;
    border: 1px solid red; float: left;}
  </style>
</head>
<body>
<div id="app">
  <router-link to="/home">主页</router-link>
  <div>
    <router-view class="vbox" name="vnews" ></router-view>
    <router-view class="vbox" name="vabout" ></router-view>
  </div>
```

```
    </div>

<script>
    var home = Vue.component("home", {
        template: "<div>我是主页......</div>"
    });
    var news = Vue.component("news", {
        template: "<div>我是新闻页......</div>"
    });
    var about= Vue.component("about", {
        template: "<div>我是关于页......</div>"
    })
        var myRoutes = [
        { path: "/", components: {vnews:news,vabout:about}},
        { path: "/home", component:home }];
    var myRouter = new VueRouter({
        routes:myRoutes
    });
    var vm = new Vue({
        el: "#app",
        router:myRouter
    });
</script>
</body>
</html>
```

在浏览器中运行程序，页面上同时显示了"news"和"about"组件的内容，效果如图
8-12 所示。

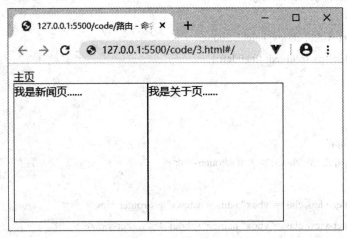

图 8-12　运行效果

在 HTML 结构代码中定义了"vnews""vabout"两个命名视图，如下：

```
<router-view class="vbox" name="vnews" ></router-view>

<router-view class="vbox" name="vabout" ></router-view>
```

一个视图渲染一个组件，因此对于同一个路由，多个组件就需要多个视图。配置组件时用 components 配置(注意是复数)，代码如下：

```
var myRoutes = [
{ path: "/", components:{vnews:news,vabout:about}},
{ path: "/home", component:home }];
```

8.9　路由传递参数

8.9.1　路由对象

通过路由传递的参数是存放在当前路由对象中的。把路由实例配置到 Vue 实例对象上面，就可以在任何组件内通过 this.$router 访问路由器对象，也可以通过 this.$route 访问当前路由对象，当前路由对象存放着当前激活的路由状态信息。

例如在示例 8-1 中，在 news 组件的 created 钩子函数中输出当前路由对象，代码如下：

```
var news = Vue.component("news", {
template: "<div>我是新闻页......</div>",
created(){
//console.log(this.$router);
console.log(this.$route);
}
});
```

在浏览器中运行程序，单击"新闻"链接，在控制台输出当前路由对象，如图 8-13 所示。其中，路由对象的 params、query 属性用来存放参数。

```
▼{name: undefined, meta: {…}, path: "/news", hash: "", query: {…}, …} 🔵
   fullPath: "/news"
   hash: ""
 ▼matched: Array(1)
  ▶0: {path: "/news", regex: /^\/news(?:\/(?=$))?$/i, components: {…},…
     length: 1
  ▶__proto__: Array(0)
 ▶meta: {}
   name: undefined
 ▶params: {}
   path: "/news"
 ▶query: {}
 ▶__proto__: Object
```

图 8-13　路由对象

8.9.2　params 方式传递参数

路由对象的 params 对象是用来存放参数的，参数以键值对的形式存放，键名为形参。形参要先在路由配置中配置，形参配置在路径后，使用冒号 ":" 标记。当匹配到一个路由时，参数值会被设置到 this.$route.params，参数可以在每个组件内使用。

例如在例 8-1 中，给路由/news 配置形参 id 和 title，代码如下：

```
var myRoutes = [
        { path: "/home", component: home },
        { path: "/news/:id/:title", component: news },
        { path: "/about", component: about },
    ]
```

路由/news 在导航链接中传入实参，代码如下：

```
<router-link to="/news/1/新闻头条">新闻</router-link>
```

在 news 组件的模板里使用参数，代码如下：

```
var news = Vue.component("news", {
    template: `<div>
        <h3>我是新闻页</h3>
        <P>{{this.$route.params.id}}--{{ this.$route.params.title}}</P>
        </div>`
        });
```

在浏览器中运行程序，单击"新闻"链接，路由传入的参数显示在页面上，效果如图 8-14 所示。

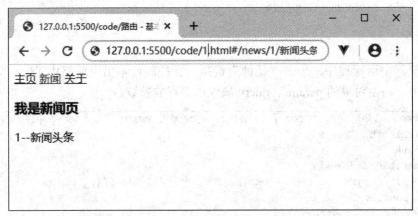

图 8-14　运行效果

8.9.3　query 方式传递参数

如果在路由中使用查询字符串，给路由传递参数，则当匹配到一个路由时，查询参数的键值对会被设置到 this.$route.query 中，参数可以在每个组件内使用。若使用查询字符串，则不需要修改路由配置的 path 属性。

例如在示例 8-1 中，路由/news 在导航链接中设置查询字符串，代码如下：

```
<router-link to="/news?id=1&title=新闻头条">新闻</router-link>
```

在 news 组件的模板里使用参数，代码如下：

```
var news = Vue.component("news", {
    template: `<div>
        <h3>我是新闻页</h3>
        <P>{{this.$route.query.id}}--{{ this.$route.query.title}}</P>
    </div>`
    });
```

在浏览器中运行程序，单击"新闻"链接，将查询字符串传入的参数显示在页面上，效果如图 8-15 所示。

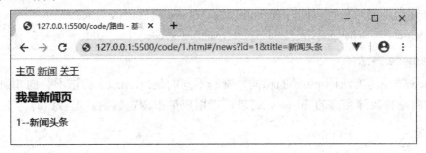

图 8-15　运行效果

8.10　编程式的导航

8.10.1　路由实例及方法

在开发中，有时需要在跳转之前进行一些逻辑处理，从而需要直接通过链接跳转，此时可借助 router 的实例方法，通过编写代码来实现。

router 实例方法的导航方法有 push、replace、go。在 Vue 实例内部，可以通过$router 访问路由实例，因此可以通过 this.$router 调用这些方法。

1. push 方法

调用 push 方法等同于点击 <router-link :to="...">，该方法会向 history 栈添加一个新的记录，所以当用户单击浏览器的后退按钮时，会回到之前的 URL。该方法的参数可以是一个字符串路径，或者是一个描述地址的对象。

例如将 8.9.2 节中的路由传递参数案例：<router-link to="/news/1/新闻头条">新闻</router-link>，改用 push 方法实现链接跳转，改写如下：

(1) 若参数用字符串路径，则改写成：

```
<a href="" @click.prevent="$router.push('/news/1/新闻头条')">新闻</a>
```

(2) 参数用对象描述地址。

① 如果参数对象有 params 属性，则要有 name 属性来接收命名的路由，改写成：

```
<a href="" @click.prevent="$router.push({name:'news', params: { id:'1',title:' 新闻头条' }})">新闻
</a>
```

② 如果参数对象有 path 属性，则 params 属性就会被忽略，改写成：

```
<a href="" @click.prevent="$router.push({path:'/news/1/新闻头条'})">新闻</a>
```

再例如将 8.9.3 节中的查询字符串传递参数案例：<router-link to="/news?id=1&title=新闻头条">新闻</router-link>改用 push 方法实现链接跳转。

(1) 若参数用字符串路径，则改写成：

```
<a href="" @click.prevent="$router.push('/news?id=1&title=新闻头条')">新闻</a>
```

(2) 参数用对象描述地址。

① 查询字符串传递参数用对象描述地址，参数对象可只有 path 属性。改写成：

```
<a href="" @click.prevent="$router.push({path:'/news?id=1&title=新闻头条'})">新闻</a>
```

② 描述地址的对象也可同时有 path 属性、query 属性。改写成：

```
<a href="" @click.prevent="$router.push({path:'news', query:{ id:'1',title:'新闻头条' }})">新闻</a>
```

2. replace 方法

replace 的使用方法同 push 的相同，唯一不同的是：replace 方法不会向 history 添加新记录，而是替换掉当前的 history 记录，当用户单击浏览器的后退按钮时，不会回到之前的 URL。

3. go 方法

go 方法的参数是一个整数，表示在 history 记录中向前或者后退多少步。

8.10.2 编程式的导航实例

示例 8-4 编程式的导航实例代码如下：

```html
<!doctype html>
<html>
<head>
    <script src="js/vue.js"></script>
    <script src="js/vue-router.js"></script>
</head>
<body>
<div id="app">
    <router-link to="/home">主页</router-link>
    <a href="" @click.prevent="go('1','新闻头条')">新闻</a>
    <router-link to="/about">关于</router-link>
    <div>
        <router-view></router-view>
    </div>
</div>
<template id="t1">
```

```
        <div>
            <h3>我是新闻页</h3>
            <P>{{this.$route.params.id}}-{{ this.$route.params.title}}</P>
            <a href="" @click.prevent="back()">返回</a>
        </div>
    </template>
    <script>
        var home = Vue.component("home", {
            template: "<div>我是主页......</div>"
        });
        var news = Vue.component("news", {
            template: "#t1",
            methods:{
                back(){
                this.$router.go(-1);
            },
            }
        });
        var about= Vue.component("about", {
            template: "<div>我是关于页......</div>"
        })
        var myRoutes = [
            { path: "/home", component: home },
            { path: "/news/:id/:title", component: news,name:'news'},
            { path: "/about", component: about },
        ]
        var myRouter = new VueRouter({
            routes:myRoutes,
        });
        var vm = new Vue({
            el: "#app",
            router:myRouter,
            methods:{
                go(id,title){
                var url ={path:'/news/'+id+'/'+title}
                this.$router.push(url);
            },
            }
        });
```

```
</script>
</body>
</html>
```

在浏览器中运行程序，先单击"主页"链接，再单击"新闻"链接，显示"新闻"组件，如图 8-16 所示。单击"返回"链接可以跳转到"主页"组件。

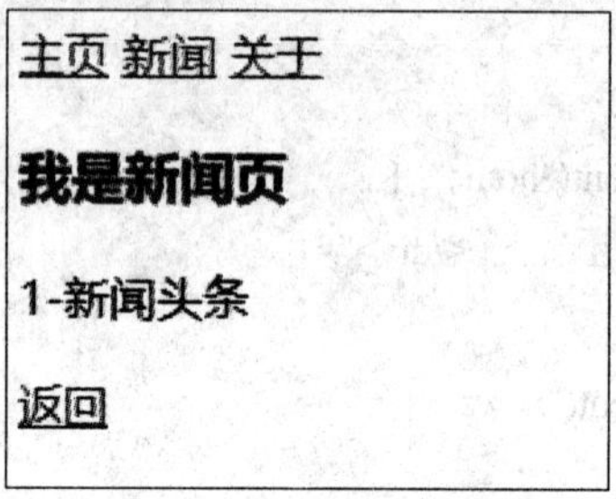

主页 新闻 关于

我是新闻页

1-新闻头条

返回

图 8-16　运行效果

示例分析：在 vm 实例的 methods 配置选项中添加 go 方法，调用路由实例的 push 方法处理跳转。代码如下：

```
methods:{
    go(id,title){
    var url ={path:'/news/'+id+'/'+title}
    this.$router.push(url);
    },
```

在 news 组件的 methods 配置选项中添加 back 方法，调用路由实例的 go 方法处理跳转。代码如下：

```
methods:{
    back(){
    this.$router.go(-1);
    }
```

第 9 章　Vue Cli 脚手架

第 6 章中讲述了单个文件组件，单个文件组件以后缀名 ".vue" 来命名，但这种文件类型不能在浏览器中直接运行，需要转成浏览器能运行的网页文件，Vue Cli 脚手架工具能帮助解决这种转换问题。

Vue Cli 是 Vue 应用程序开发的标准工具；是一个基于 Vue 进行快速开发的完整系统；是基于 webpack 构建，并带有合理的默认配置，可以通过项目内的配置文件进行配置，可以通过插件进行扩展。使用 Vue Cli 能快速开始一个 Vue 项目。

9.1　搭建 Vue Cli 开发环境

9.1.1　安装 node.js

node.js 是一个基于 Chrome V8 引擎的 JavaScript 运行环境。

1. 下载 node.js

从 node.js 的中文官方网站 http://nodejs.cn/download/下载，该网站提供有不同操作系统不同位数的安装包，如图 9-1 所示。

图 9-1　node 安装包下载界面

读者可根据所安装的操作系统来选择相应操作系统及相应位数的版本下载。在此以下载 Windows 64 位的安装包来讲解，下载得到的安装文件为"node-v12.14.1-x64.msi"。

2. 安装 node.js

双击下载的安装文件，运行安装向导，如图 9-2 所示。

图 9-2　node 安装界面

读者可根据安装向导提示，一步一步完成安装。安装完成后，打开命令行工具，输入运行命令"node –v"，如果能查看到 node 的版本，则说明安装成功，如图 9-3 所示。

图 9-3　查看 node 版本

npm 包管理器是集成在 node 中的，所以直接输入"npm –v"后回车，就会显示出 npm 的版本信息，如图 9-4 所示。

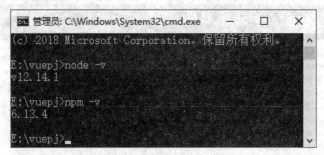

图 9-4　查看 npm 版本

9.1.2　安装 Vue Cli 脚手架构建工具

在命令行中运行命令 "npm install -g @vue/cli"，然后等待安装完成。安装完成后，在命令行中输入 "vue –V" 后回车，如果能查看到版本号，则说明安装成功，如图 9-5 所示。

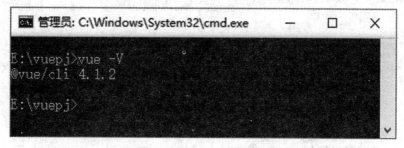

图 9-5　查看 Vue Cli 版本

需要的环境和工具都准备好了，现在开始使用 Vue Cli 来构建项目。

9.2　使用 Vue Cli 创建项目

使用 Vue Cli 创建项目的操作步骤如下：

(1) 在 Visual Studio Code 开发工具中，在终端窗口中用 cd 命令切换到要保存项目的文件夹。

(2) 输入 "vue create myapp" 指令后回车，窗口显示的提示信息如图 9-6 所示。在 "vue create myapp" 指令中，"myapp" 是自定义的项目名。注意，项目名字必须全小写，否则会报错。

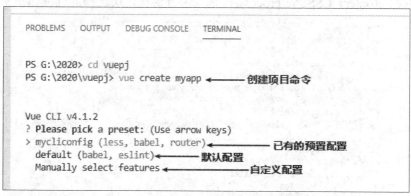

图 9-6　创建项目

3. 选择项目插件配置

图 9-6 中已有的预置配置 mycliconfig(less,babel,router)是前面创建项目保存的配置，使用上下方向键来选择已有的预置配置或选择默认设置或手动自定义配置，一般使用手动自定义配置，根据提示按照项目所需进行选择，这里选择 "Manually select features" 手动自定义配置来讲解，选择后回车，窗口显示如图 9-7 所示的提示界面。

```
PROBLEMS   OUTPUT   DEBUG CONSOLE   TERMINAL

Vue CLI v4.1.2
? Please pick a preset: Manually select features
? Check the features needed for your project: (Press <space> to select, <a> to toggle all, <i> to invert selection)
>(*) Babel
 ( ) TypeScript
 ( ) Progressive Web App (PWA) Support
 ( ) Router
 ( ) Vuex
 ( ) CSS Pre-processors
 (*) Linter / Formatter
 ( ) Unit Testing
 ( ) E2E Testing
```

操作提示，按space空格键选择功能，按a键全选，按i键反选

图 9-7　项目插件配置界面

图 9-7 中界面显示可以选择的插件配置选项，各项功能简述如下：

(1) Babel 选项是转码器：可以将 ES6 代码转为 ES5 代码。

(2) TypeScript 选项：TypeScript 是一种给 JavaScript 添加特性的语言扩展。

(3) Progressive Web App (PWA) Support 选项：渐进式 Web 应用程序。

(4) Router 选项：vue-router 是 Vue 路由。

(5) Vuex 选项：Vuex 是 Vue 的状态管理模式。

(6) CSS Pre-processors 选项：CSS 预处理器(如 less、sass)。

(7) Linter / Formatter 选项：代码风格检查和格式化(如 ESlint)。

(8) Unit Testing 选项：单元测试。

(9) E2E Testing 选项：E2E 测试。

按 space 空格键可选择选项功能，按 a 键全选，按 i 键反选，可根据项目需要进行选择。使用时，利用上下方向键移动到所要选择的项，然后按 space 空格键来选择选项，这里选择 Bable、Router、CSS Pre-processors 选项进行讲解，所选择的选项如图 9-8 所示。

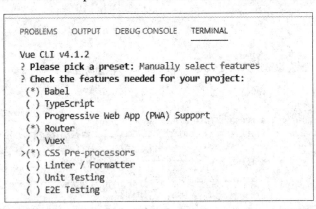

图 9-8　自定义选择选项

选择完成后按回车键，窗口显示如图 9-9 所示的提示界面。

4. 选择路由模式

如图 9-9 所示，这里选择"history"模式进行讲解，直接按回车或输入"Y"键，窗口显示如图 9-10 所示的提示界面。

```
PROBLEMS    OUTPUT    DEBUG CONSOLE    TERMINAL

Vue CLI v4.1.2
 Problems (Ctrl+Shift+M) - Total 0 Problems    t features
? Check the features needed for your project: Babel, Router, CSS Pre-processors
? Use history mode for router? (Requires proper server setup for index fallback in production) (Y/n)
```

图 9-9　路由模式选择

5. 选择 CSS 预编译

如图 9-10 所示，可根据需要使用的 CSS 预处理进行选择，这里选择 Less 进行讲解，使用上下方向键移动到 Less 选项后按回车，窗口显示如图 9-11 所示的提示界面。

```
PROBLEMS    OUTPUT    DEBUG CONSOLE    TERMINAL

Vue CLI v4.1.2
? Please pick a preset: Manually select features
? Check the features needed for your project: Babel, Router, CSS Pre-processors
? Use history mode for router? (Requires proper server setup for index fallback in production) Yes
? Pick a CSS pre-processor (PostCSS, Autoprefixer and CSS Modules are supported by default):
  Sass/SCSS (with dart-sass)
  Sass/SCSS (with node-sass)
> Less
  Stylus
```

图 9-10　CSS 预编译选项

6. 选择如何存放配置

选择把 babel、postcss、eslint 等配置存放在 package.json 文件中，如图 9-11 所示。

```
PROBLEMS    OUTPUT    DEBUG CONSOLE    TERMINAL

Vue CLI v4.1.2
? Please pick a preset: Manually select features
? Check the features needed for your project: Babel, Router, CSS Pre-processors
? Use history mode for router? (Requires proper server setup for index fallback in production) Yes
? Pick a CSS pre-processor (PostCSS, Autoprefixer and CSS Modules are supported by default): Less
? Where do you prefer placing config for Babel, ESLint, etc.?
  In dedicated config files
> In package.json
```

图 9-11　配置存放选项

把当前配置存放在 package.json 文件中，选择"In package.json"选项后回车，窗口显示如图 9-12 所示的提示界面。

```
PROBLEMS    OUTPUT    DEBUG CONSOLE    TERMINAL

Vue CLI v4.1.2
? Please pick a preset: Manually select features
? Check the features needed for your project: Babel, Router, CSS Pre-processors
? Use history mode for router? (Requires proper server setup for index fallback in production) Yes
? Pick a CSS pre-processor (PostCSS, Autoprefixer and CSS Modules are supported by default): Less
? Where do you prefer placing config for Babel, ESLint, etc.? In package.json
? Save this as a preset for future projects? (y/N)
```

图 9-12　是否保存当前的配置

图 9-12 的提示界面提示是否保存当前的配置供以后使用，如选择保存当前配置，则该配置可以供以后创建相同配置的项目使用，也可以不保存(因为根据项目的不同，相应的配置也会不同)。如果输入"N"，则不保存；如果输入"Y"，则需要输入一个文件名字。

7. 自动下载新建项目所需要的各种包文件

配置完选项后，就进入到下载各种包文件的界面，如图 9-13 所示。

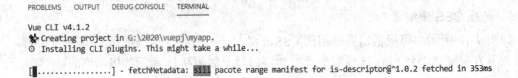

PROBLEMS　OUTPUT　DEBUG CONSOLE　TERMINAL

Vue CLI v4.1.2
✻ Creating project in G:\2020\vuepj\myapp.
◎ Installing CLI plugins. This might take a while...

[▮................] - fetchMetadata: sill pacote range manifest for is-descriptor@^1.0.2 fetched in 353ms

图 9-13　下载新建项目所需要的各种包文件

等待插件下载安装完成，出现如图 9-14 所示的界面，提示"cd myapp"表明可进入项目根目录，运行"npm run serve"命令启动项目。

◈ Generating README.md...

◈ Successfully created project myapp.　◀──项目创建成功
◈ Get started with the following commands:

$ cd myapp
$ npm run serve

图 9-14　成功创建项目

9.3　启　动　项　目

启动项目步骤如下：

1. 进入项目目录

打开命令行工具，输入"cd myapp"后回车，进入项目根目录。Vue Cli 配置的 Vue 项目目录如图 9-15 所示。

node_modules
public
src
.gitignore
babel.config.js
package.json
package-lock.json
README.md

图 9-15　成功创建项目

2. 启动项目

运行"npm run serve"指令，编译完成后显示项目运行的网址及提示信息，如图 9-16 所示。

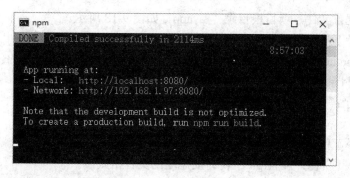

图 9-16　启动项目

3. 在浏览器中打开项目首页

打开浏览器，在地址栏中输入 "http://localhost:8080" 后回车，显示 Vue 默认的示例项目界面，如图 9-17 所示。其顶部是一个导航，可以导航到 Home 页面、About 页面。

图 9-17　Vue 默认示例项目首面界面

至此，Vue 默认示例项目启动成功。

9.4　项目的配置目录及配置文件

9.4.1　项目根目录

执行完 "vue create myapp" 命令后，自动创建了一个新目录 "myapp"，该目录下有项目配置目录及配置文件。项目根目录"myapp"如图 9-18 所示。

项目根目录下的配置目录如下：

(1) node_modules 目录：存放 npm 命令下载的开发环境和生产环境的依赖包。

(2) public 目录：存放静态资源。

(3) src 目录：存放项目源码及需要引用的资源文件，开发过程的文件都存放在该目录下。

项目根目录下的配置文件如下：

(1) .gitignore 文件：配置 git 上传时要忽略的文件格式。

(2) babel.config.js 文件：一个工具链，主要用于在当前和较旧的浏览器或环境中将 ES6 的代码转换为向后兼容。

(3) package.json 文件：项目配置文件，其内容是以 json 的格式描述项目基本信息、项目的依赖包等信息。Vue 默认的示例项目 package.json 文件内容如图 9-19 所示。

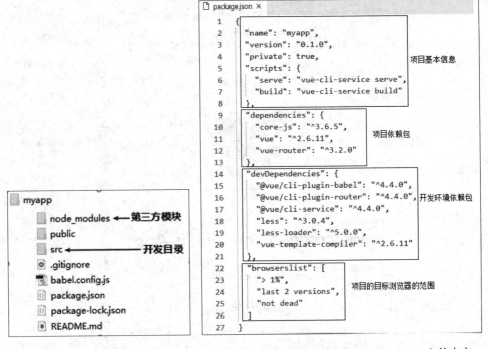

图 9-18　项目根目录　　　　　图 9-19　Vue 默认示例项目 package.json 文件内容

当在项目根目录下执行"npm install"指令时，node 会自动安装 package.json 文件里所有配置的依赖包。

在开发过程中，会根据实际需求安装一些依赖包。在项目根目录下执行"npm install <module name>"指令可安装依赖包，依赖包会安装到"node_modules"目录下。通过"npm install"指令安装依赖包，有两种命令参数可以把依赖包的信息写入到 package.json 文件中，一种是"npm install–save"，依赖包的信息添加到 package.json 文件中的 dependencies 键下；另一种是"npm install --save-dev"，依赖包的信息添加到 package.json 文件中的 devDependencies 键下。

9.4.2　public 目录

public 目录下有两个文件：

(1) favicon.ico 文件：项目的图标文件。

(2) index.html 文件：一个模板文件，可生成项目的入口文件，webpack 打包的 js、css 也会自动注入到该文件中。浏览器访问项目时会默认打开生成好的 index.html 文件。index.html 文件的内容如图 9-20 所示。

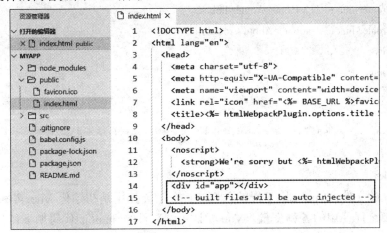

图 9-20　Vue 默认示例项目 index.html 文件的内容

index.html 文件内设置项目的一些 meta 信息和定义一个空的根节点 <div id="app"></div>，用于挂载 Vue 实例，在 main.js 文件中生成的 Vue 实例将挂载在 #app 节点上。

9.4.3　src 目录

开发过程创建的文件存放在 src 目录下，src 目录如图 9-21 所示。

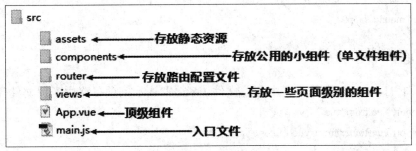

图 9-21　src 目录

src 目录下的目录如下：

(1) assets 目录：存放项目中需要用到的资源文件，如 css、js、images 等。

(2) componets 目录：存放 Vue 开发中一些公共组件，如 header.vue、footer.vue 等。

(3) router 目录：存放路由的配置文件。

(4) views 目录：存放页面级别的组件，如 login.vue、main.vue 等。例如，Vue 默认示例项目 views 目录有两个组件：About.vue、Home.vue。

src 目录下的文件如下：

(1) App.vue 文件：项目的主组件，所有页面都在该文件下切换。App.vue 文件相当于包裹整个页面最外层的 div，使用标签<router-view></router-view>可渲染整个工程的.vue 组件。例如，Vue 默认示例项目的 App.vue 代码如下：

```
<template>
  <div id="app">
    <div id="nav">
      <router-link to="/">Home</router-link> |
      <router-link to="/about">About</router-link>
    </div>
    <router-view/>
  </div>
</template>
<style lang="less">
/*略*/
</style>
```

(2) main.js 文件：Vue Cli 工程的入口文件，主要作用是初始化 Vue 实例，并加载各种公共组件及全局使用的各种变量。Vue 默认示例项目的 main.js 代码如下：

```
import Vue from 'vue' //引入 vue
import App from './App.vue' //引入顶级组件 App.vue
import router from './router' //引入路由
Vue.config.productionTip = false //阻止生产环境提示
new Vue({                //创建 Vue 实例
  router,                //传入路由
  render: h => h(App)    //传入顶级组件
}).$mount('#app')        //挂载 dom
```

9.4.4　router 目录

router 下的 index.js 文件是路由配置文件，Vue 默认示例项目路由配置文件代码如下：

```
import Vue from 'vue'//引入 Vue
import VueRouter from 'vue-router'//引入路由
import Home from '../views/Home.vue'//引入 Home.vue 组件
Vue.use(VueRouter)//注册路由
//配置路由表
const routes = [
  {
    path: '/',
    name: 'Home',
```

```
    component: Home
  },
  {
    path: '/about',
    name: 'About',
    // route level code-splitting
    // this generates a separate chunk (about.[hash].js) for this route
    // which is lazy-loaded when the route is visited.
    component: () => import(/* webpackChunkName: "about" */ '../views/About.vue')
  }
]
//创建路由实例
const router = new VueRouter({
  mode: 'history',//模式 history 或 hash
  base: process.env.BASE_URL,
  routes
})
export default router//导出路由
```

9.5　项目开发简单示例

通过 9.2、9.3 节的操作可搭建好开发环境，接下来进行项目的开发，这里以开发如图 9-22 所示案例效果为例。在图 9-22 中，单击导航栏上的"首页"可链接进入到首页内容页面，单击"公司新闻"可链接进入到公司新闻页面，单击"关于公司"链接可进入到关于公司页面。

图 9-22　案例效果图

首先删除 Vue 默认示例的组件(view 文件夹和 components 文件夹下的.vue 文件)，接着按如下步骤完成项目的开发。

1. 新建单个文件组件

由图 9-22 可知，该项目包含"首页(Home.vue)""公司新闻(News.vue)""关于公司

(Company.vue)"三个组件，现分别创建。

(1) 在 view 文件夹新建 Home.vue 文件。该组件代码如下：

```
<template>
  <div class="home">
    <h1>首页内容</h1>
  </div>
</template>

<script>
export default {};
</script>

<style lang="less" scoped>
</style>
```

(2) 在 view 文件夹新建 News.vue 文件。该组件代码如下：

```
<template>
  <div class="news">
    <h1>公司新闻内容</h1>
  </div>
</template>

<script>
export default {};
</script>

<style lang="less" scoped>
</style>
```

(3) 在 view 文件夹新建 Company.vue 文件。该组件代码如下：

```
<template>
  <div class="company">
    <h1>关于公司</h1>
  </div>
</template>

<script>
export default {};
</script>

<style lang="less" scoped>
```

```
</style>
```

2. 配置路由

可在 router 目录下的 index.js 文件中配置路由。首先删除 Vue 默认示例项目的路由配置，按着配置本案例的路由。index.js 文件中的代码如下：

```
import Vue from 'vue'//引入 vue
import VueRouter from 'vue-router'//引入路由
import Home from '../views/Home.vue'//引入 Home.vue 组件
Vue.use(VueRouter)//注册路由
//配置路由表
  const routes = [
   {
    path: '/',
    name: 'Home',
    component: Home
   },
   {
    path: '/News',
    name: 'News',
    component: () => import( '../views/News.vue')//这种方式是按需要加载
   },
   {
    path: '/Company',
    name: 'Company',
    component: () => import('../views/Company.vue')
   }
  ]
  //创建路由实例
  const router = new VueRouter({
   mode: 'history',//模式 history 或 hash
   base: process.env.BASE_URL,
   routes
  })
  export default router//导出路由
```

3. 在 App.vue 顶级组件中配置导航和路由出口

配置导航和路由出口的代码如下：

```
  <template>
   <div id="app">
    <div id="nav">
```

```
      <router-link to="/">首页</router-link>|
      <router-link to="/News">公司新闻</router-link>|
      <router-link to="/Company">关于公司</router-link>
    </div>
    <router-view />
  </div>
</template>

<style lang="less">
#nav {
 a {
   font-size: 20px;
  }
}
h1 {
  font-size: 30px;
}
</style>
```

4. 在浏览器中测试项目

打开浏览器，在地址栏中输入"http://localhost:8080"并回车，出现如图 9-22 所示的界面。注意：如没有启动项目，则先运行"npm run serve"指令启动项目。

第 10 章　Vuex 状态管理

每个组件都有状态，组件之间有需要共享使用的数据，在大型项目的开发中需要把这些共享使用的数据集中统一管理维护。Vuex 是一个专为 Vue 应用程序开发的状态(数据)管理模式。它采用集中式存储管理应用的所有组件的状态(数据)，并以相应的规则保证状态以一种可预测的方式发生变化。

每一个 Vuex 应用的核心就是 store(仓库)，即响应式容器，它用来定义应用中的数据以及数据处理工具。Vuex 的状态存储是响应式的，当 Vue 组件应用了 store 中的状态(数据)时，若 store 中的状态发生变化，那么相应的组件也会得到更新。

10.1　Vuex 的安装和基本用法

10.1.1　Vuex 的安装

1. 下载 vuex.js

登录下载地址 https://vuex.vuejs.org/zh/installation.html，下载 vuex.js，并存放在项目 js 文件夹下。

2. 引入

在 HTML 页面先引入 vue.js，接着引入 vuex.js。代码如下：

```
<script src="js/vue.js"></script>
<script src="js/vuex.js"></script>
```

在 vue.js 之后引入 vuex.js，vuex.js 会进行自动安装。

10.1.2　Vuex 的基本用法

1. 创建 store 实例

通过 new 关键字实例化一个 store 实例，该实例是单一的状态树(数据仓库)。创建 store 实例的语法如下：

```
new Vuex.store({
state:{},        //状态，组件中需要共享使用的数据
```

```
    mutations:{},        //改变状态的唯一方式就是提交 mutation，同步改变状态
    getters:{},          //类似计算属性
    actions:{}           //用于异步更新状态
})
```

2. 将 store 实例注入到 Vue 根实例上

将 store 实例注入到 Vue 根实例上的语法如下：

```
var vm = new Vue({
    el: '#app',
    store,
});
```

通过在根实例中注册 store 选项，该 store 实例会注入到根组件下的所有子组件中，且子组件能通过 this.$store 访问 store 中的数据。

3. Vuex 使用示例

示例 10-1　　Vuex 使用示例代码如下：

```
<!doctype html>
<html>
<head>
 <meta charset="utf-8">
 <title>Vuex 的基本使用</title>
 <script src="js/vue.js"></script>
 <script src="js/vuex.js"></script>
</head>
<body>
 <div id="app">
 <!--<p>姓名：{{this.$store.state.name}}</p>
  <p>性别：{{this.$store.state.gender}}</p>
  <p>年龄：{{this.$store.state.age}}</p> -->
  <p>姓名：{{name}}</p>
  <p>性别：{{gender}}</p>
  <p>年龄：{{age}}</p>
 </div>
</body>
<script>
 var store = new Vuex.Store({
  state: {
   name: '张三',
   gender: '男',
   age: 38
```

```
    },
    })
    var vm = new Vue({
     el: '#app',
     store,
     computed:{
        name(state){return this.$store.state.name},
        gender(state){return this.$store.state.gender},
        age(state){return this.$store.state.age},
     }
    });
    </script>
    </html>
```

　　在浏览器中运行程序，打开开发者工具，切换到 Vue 视图的 Vuex 选项，效果如图 10-1 所示。

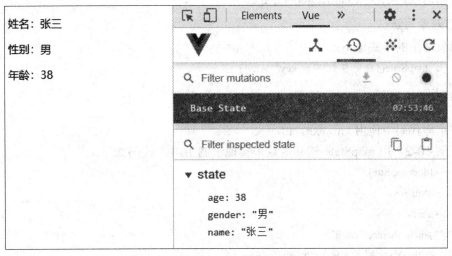

图 10-1　运行效果

由图可知，示例显示出了 state 中的数据。

10.2　Vuex 中的配置选项

　　创建 store 实例 new Vuex.store({})时，需要传入一个配置对象，本节介绍配置对象中常用的配置选项。

10.2.1　state 配置选项

　　Vuex 的状态存储是响应式的，当 Vue 组件从 store 中读取状态时，若 store 中的状态发生变化，则页面中的 store 数据也会发生相应的变化。Vuex 的状态存储是响应式的，即 store 中的状态是响应式的，在组件调用 store 中的状态时只需要在计算属性中返回即可(在计算属性中使用 store 中的数据)。

示例 10-1 中通过"this.$store.state.key(字段名)"访问到 store 中的数据，当一个组件需要获取多个状态时，将这些状态都声明为计算属性有些麻烦，这时可以使用 Vuex 提供的 mapState 辅助函数来生成计算属性。

使用 mapState 辅助函数前，先要引入 mapState 辅助函数，可在单独构建的版本中引入辅助函数 Vuex.mapState，可在一个模块化的打包系统中通过 import {mapState} from "vuex" 引入。mapState 辅助函数的参数有数组写法和对象写法。

1. 数组写法

当映射的计算属性名称与 state 的子节点名称相同时，也可以给 mapState 辅助函数传递一个字符串数组。其格式如下：

...mapState(["字段 key"])

例如：

...mapState(["name","gender","age"])

在结构代码中使用 name, gender, age。

2. 对象写法

对象写法的格式如下：

...mapState({自定名 1:"字段 key",......})

例如：

...mapState({ xm: "name", xb:"gender", nl: "age"})

在结构代码中使用 xm，xb，nl。

示例 10-2 用 mapState 辅助函数来实现示例 10-1，代码如下：

```
<!doctype html>
<html>
<head>
<meta charset="utf-8">
<title>Vuex 的基本使用</title>
<script src="js/vue.js"></script>
<script src="js/vuex.js"></script>
</head>
<body>
<div id="app">
<p>姓名：{{name}}</p>
<p>性别：{{gender}}</p>
<p>年龄：{{age}}</p>
<p>--------------</p>
<p>姓名：{{xm}}</p>
<p>性别：{{xb}}</p>
```

```
  <p>年龄：{{nl}}</p>
 </div>
</body>
<script>
 var store = new Vuex.Store({
   state: {
    name: '张三',
    gender: '男',
    age: 38
   },
 })
 var mapState=Vuex.mapState;
 var vm = new Vue({
   el: '#app',
   store,
   computed: {
   ...mapState(["name","gender", "age"]),              // 数组写法
   ...mapState({ xm: "name", xb:"gender", nl: "age"})   // 对象写法
   }
 });
</script>
</html>
```

在浏览器中运行程序，打开开发者工具，切换到 Vue 视图的 Vuex 选项，效果如图 10-2
所示。

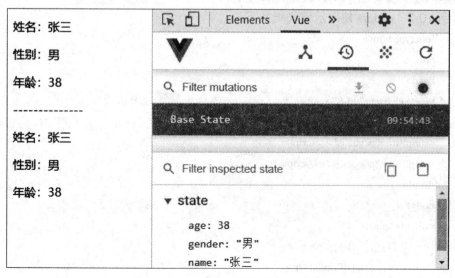

图 10-2　运行效果

10.2.2　getters 配置选项

数据在使用前，有时需要进行一些处理，即从 store 中派生出一些状态(数据)。Vuex 允许在 store 中定义"getter"选项(可以认为是 store 的计算属性)，同计算属性一样，getter 的返回值会根据它的依赖被缓存起来，且只有当它所依赖的值发生改变时，getter 才会被重新计算。

getter 接收 state 作为其第一个参数，其语法如下：

```
getters：{
    函数名(state){    //传入 state
        return 对 state 中的数据处理结果
    }
}
```

在组件中使用 getters 时，可通过"this.$store.getters.函数名"直接获取，也可以通过辅助函数 mapGetters 获取。

使用 mapGetters 辅助函数前，先要引入 mapGetters 辅助函数，可在单独构建的版本中引入辅助函数 Vuex.mapGetters，也可在一个模块化的打包系统中通过 import {mapGetters} from "vuex"引入。

辅助函数仅仅是将 store 中的 getter 映射到局部计算属性，mapGetters 辅助函数的参数有数组写法和对象写法。

数组写法格式为：

```
…mapgetteers (['函数名'])
```

对象写法格式为：

```
…mapgetteers ({key:'函数名'})
```

对象写法其实是给 getter 属性另取一个名字。

示例 10-3　getters 使用示例代码如下：

```
<!doctype html>
<html>
<head>
<meta charset="utf-8">
<title>Vuex 的基本使用</title>
<script src="js/vue.js"></script>
<script src="js/vuex.js"></script>
</head>
<body>
<div id="app">
  <p>总额：{{total}}</p>
  <p>总额：{{totalPrice}}</p>
</div>
</body>
```

```
<script>
 var store = new Vuex.Store({
   state: {
     price: 12,
     num: 2
   },
   getters: {
     total(state) {
       return state.price * state.num;
     }
   }
 })
 var mapGetters = Vuex.mapGetters;
 var vm = new Vue({
   el: '#app',
   store,
   computed: {
     //total:function(){ return this.$store.getters.total}
     ...mapGetters(['total']),
     ...mapGetters({totalPrice: 'total'})
   }
 });
</script>
</html>
```

在浏览器中运行程序，打开开发者工具，切换到 Vue 视图的 Vuex 选项，观察数据的变化，效果如图 10-3 所示。

图 10-3　运行效果

10.2.3　mutations 配置选项

要修改 store(仓库)中的数据，唯一途径就是显式地提交 mutation，mutation 必须是同步函数，这样可以方便地跟踪每一个状态的变化。Vuex 中的 mutation 非常类似于事件：每个 mutation 都有一个字符串的事件类型 (type) 和一个回调函数 (handler)。这个回调函数就是实际进行状态更改的地方，它会接收 state 作为第一个参数，传入的另一参数是 mutation 的载荷(payload)。大多数情况下，载荷应该是一个对象，这样可以包含多个字段并且记录的 mutation 会更易读。mutation 的语法格式如下：

```
mutations:{
        函数名(state,payload){
        //修改 state  的中的数据

    }
```

在组件中有以下两种提交 mutation 的方式。

(1) 使用 this.$store.commit()提交，其格式为：

```
this.$store.commit('函数名', 参数对象)
```

或使用包含 type 属性的对象：

```
this.$store.commit({type: '函数名', key:value})
```

示例 10-4　使用 this.$store.commit() 提交 mutation，代码如下：

```
<!doctype html>
<html>
<head>
  <meta charset="utf-8">
  <title>Vuex 的基本使用</title>
  <script src="js/vue.js"></script>
  <script src="js/vuex.js"></script>
</head>
<body>
  <div id="app">
   <h1>{{ num }}</h1>
   <button @click="reduce">-1</button>
   <button @click="add({n: 10})">+10</button>
  </div>
</body>
<script>
  var store = new Vuex.Store({
    state: {
```

```
        num: 100
      },
      mutations: {
        decrement(state) { //减少
          state.num--
        },
        increment(state, payload) { //增加
          state.num += payload.n
        },
      }
    })
    var mapState = Vuex.mapState;
      var vm = new Vue({
      el: '#app',
      store,
      computed: {
      ...mapState(["num"])
      },
      methods: {
        reduce() {
          //通过提交 mutation 修改仓库中的状态
          this.$store.commit("decrement");
          //this.$store.commit({type: "decrement"});
        },
        add() {
          //通过提交 mutation 修改仓库中的状态
          //this.$store.commit("increment", { n: 10 });
          this.$store.commit({type: "increment",n: 10});
        }
      },
    });
  </script>
  </html>
```

在浏览器中运行程序，单击减增按钮，打开开发者工具，切换到 Vue 视图的 Vuex 选项，观察数据的变化，效果如图 10-4 所示。

图 10-4　运行效果

(2) 使用辅助函数 mapMutations。

要使用 mapMutations 辅助函数，先要引入 mapMutations 辅助函数，可在单独构建的版本中引入辅助函数 Vuex. mapMutations，也可在一个模块化的打包系统中通过 import { mapMutations } from "vuex"引入。

使用 mapMutations 辅助函数将组件中的 methods 映射为 store.commit 调用。mapMutations 辅助函数的参数有数组写法和对象写法。

数组写法格式为：

    …mapMutations(['函数名'])

对象写法格式为：

    …mapMutations({key:'函数名'})

示例 10-5　使用 mapMutations 辅助函数实现示例 10-4 的效果，示例代码如下：

```
<!doctype html>
<html>
<head>
 <meta charset="utf-8">
 <title>Vuex 的基本使用</title>
 <script src="js/vue.js"></script>
 <script src="js/vuex.js"></script>
</head>
<body>
```

```
    <div id="app">
     <h1>{{ num }}</h1>
     <!-- <button @click="decrement">-1</button> -->
     <button @click="reduce">-1</button>
     <button @click="increment({n: 10})">+10</button>
     <!-- <button @click="add({n: 10})">+10</button> -->
    </div>
  </body>
  <script>
    var store = new Vuex.Store({
      state: {
        num: 100
      },
      mutations: {
        decrement(state) { //减少
          state.num--
        },
        increment(state, payload) { //增加
          state.num += payload.n
        },
      }
    })
    var mapState = Vuex.mapState;
    var  mapMutations = Vuex.mapMutations;
    var vm = new Vue({
      el: '#app',
      store,
      computed: {
        ...mapState(["num"])
      },
      methods: {
          //...mapMutations(["decrement"]),            //数组写法
          ...mapMutations({ reduce: "decrement" }),    //对象写法
        ...mapMutations(["increment"]),                //数组写法
        //...mapMutations({ add: "increment" })        //对象写法
      },
    });
  </script>
</html>
```

在浏览器中运行程序，单击减增按钮，打开开发者工具，切换到 Vuc 视图的 Vuex 选项，观察数据的变化，效果如图 10-4 所示。

10.2.4　actions 配置选项

action 类似于 mutation，不同的是 action 提交的是 mutation，而不是直接变更状态。action 可以包含任意异步操作。action 是异步修改 state 的数据。异步修改 state 也需要提交一个 mutation，才能达到修改的目的。

action 函数接受一个与 store 实例具有相同方法和属性的 context 对象，因此可以调用 context.commit 提交一个 mutation，或者通过 context.state 和 context.getters 来获取 state 和 getters。

action 函数格式如下：

```
actions:{
    函数名({commit},paload){
        commit('mutation 中的函数名')
    }
}
```

在组件中有以下两种分发 action 的方式。

(1) 在组件中使用 this.$store.dispatch( )分发 action，其格式为：

```
this.$store.dispatch('函数名', 参数对象)
```

或使用包含 type 属性的对象：

```
this.$store.dispatch({type:'函数名', key:value})
```

示例 10-6　action 通过 store.dispatch 方法触发，示例代码如下：

```
<!doctype html>
<html>
<head>
    <meta charset="utf-8">
    <title>Vuex 的基本使用</title>
    <script src="js/vue.js"></script>
    <script src="js/vuex.js"></script>
</head>
<body>
    <div id="app">
        <h1>{{ num }}</h1>
        <button @click="add()">+100</button>
    </div>
</body>
```

```
<script>
var store = new Vuex.Store({
    state: {
    num: 100
    },
    mutations: {
      increment(state, payload) { //增加
      state.num += payload.n
    }
    },
      //异步修改 state 也需要提交一个 mutation，才能达到修改的目的
    actions: {
      async ayscIncrement({ commit }, payload) {
      setTimeout(() => {
        commit('increment', payload)
      }, 1000)
    }
    }
})
var mapState = Vuex.mapState;
var vm = new Vue({
    el: '#app',
    store,
    computed: { ...mapState(["num"]) },
    methods: {
      add() {
        //触发 actions
      //this.$store.dispatch("ayscIncrement", { n: 100 });
      this.$store.dispatch({type:"ayscIncrement", n: 100 });
    }
    },
});
</script>
</html>
```

在浏览器中运行程序，单击"+100"按钮，打开开发者工具，切换到 Vue 视图的 Vuex
选项，观察数据的变化，效果如图 10-5 所示。

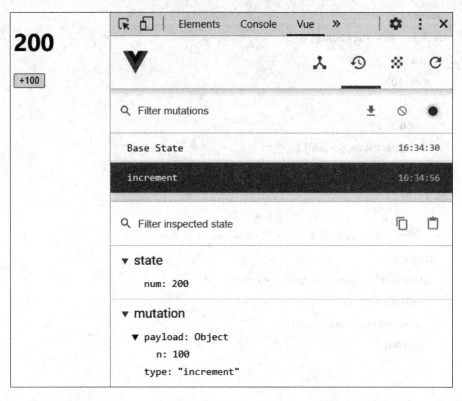

图 10-5　运行效果

(2) 使用辅助函数 mapAtions。

要使用 mapAtions 辅助函数，先要引入 mapAtions 辅助函数，可在单独构建的版本中引入辅助函数 Vuex. mapAtions，也可在一个模块化的打包系统中通过 import { mapAtions} from "vuex"引入。

mapActions 辅助函数将组件的 methods 映射为 store.dispatch 调用(需要先在根节点注入 store)。mapActions 辅助函数的参数有数组写法和对象写法。

数组写法格式为：

　　…mapActions (['函数名'])

对象写法格式为：

　　…mapActions ({key:'函数名'})

示例 10-7　使用 mapActions 辅助函数实现示例 10-6 的效果，代码如下：

```
<!doctype html>
<html>
<head>
    <meta charset="utf-8">
    <title>Vuex 的基本使用</title>
    <script src="js/vue.js"></script>
    <script src="js/vuex.js"></script>
</head>
```

```
<body>
  <div id="app">
   <h1>{{ num }}</h1>
   <button @click="ayscIncrement({n:100})">+100</button>
   <button @click="a({n:100})">+100</button>
  </div>
</body>
<script>
var store = new Vuex.Store({
    state: {
      num: 100
    },
    mutations: {
      increment(state, payload) { //增加
        state.num += payload.n
      }
    },
    actions: {
      async ayscIncrement({ commit }, payload) {
      setTimeout(() => {
        commit('increment', payload)
      }, 1000)
      }
    }
})
var mapState = Vuex.mapState;
var mapActions = Vuex.mapActions;
var vm = new Vue({
    el: '#app',
    store,
    computed: { ...mapState(["num"]) },
    methods: {
       //触发 actions
       ...mapActions(["ayscIncrement"]),      //数组写法
       ...mapActions({ a: "ayscIncrement" })   //对象写法
    },
});
</script>
</html>
```

在浏览器中运行程序，分别单击两个"+100"按钮，打开开发者工具，切换到 Vue 视图的 Vuex 选项，观察数据的变化，效果如图 10-6 所示。

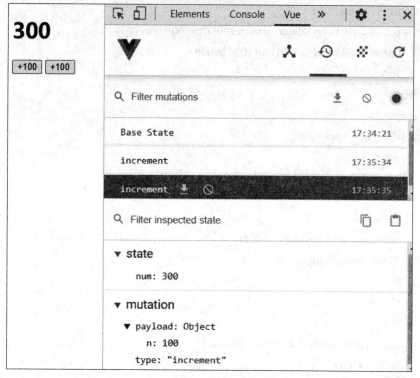

图 10-6　运行效果

10.2.5　modules 配置选项

使用单一状态树时，应用的所有状态会集中到一个比较大的对象中，当应用非常复杂时，store 对象就有可能非常臃肿。

为了解决以上问题，Vuex 允许将 store 分割成模块(module)。每个模块拥有自己的 state、mutation、action、getter，甚至是嵌套子模块从上至下进行同样方式的分割。

示例 10-8　modules 配置示例代码如下：

```html
<!doctype html>
<html>
<head>
    <meta charset="utf-8">
    <title>Vuex 的基本使用</title>
    <script src="js/vue.js"></script>
    <script src="js/vuex.js"></script>
</head>
<body>
```

```
    <div id="app">
      <h3>{{this.$store.state.storeA.num}}</h3>
      <h3>{{this.$store.state.storeB.num}}</h3>
    </div>
  </body>
  <script>
    const moduleA = {
      state: {
        num: 100
      },
      getters: {},
      mutations: {},
      actions: {}
    }
    const moduleB = {
      state: {
        num: 200
      },
      getters: {},
      mutations: {},
      actions: {}
    }
    var store = new Vuex.Store({
      modules: {
        storeA: moduleA,
        storeB: moduleB
      }
    })
    var vm = new Vue({
      el: '#app',
      store,
    });
  </script>
</html>
```

　　在浏览器中运行程序，打开开发者工具，切换到 Vue 视图的 Vuex 选项，观察数据，效果如图 10-7 所示。

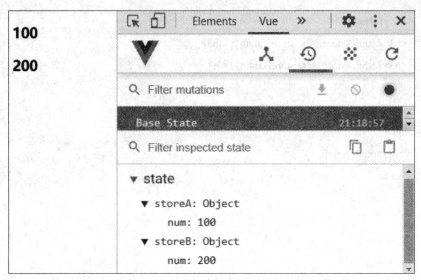

图 10-7　运行效果

10.3　模块化的打包系统中使用 Vuex

10.3.1　在创建项目时选择安装 Vuex

通过 Vue Cli 脚手架创建项目 vue create app 时，选择安装 Vuex，如图 10-8 所示。

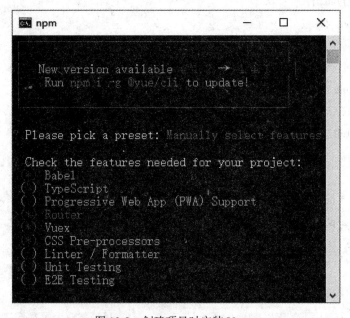

图 10-8　创建项目时安装 Vuex

项目创建成功时就配置了 Vuex，Vuex 配置在 store 目录下的 index.js 文件中，文件内容如图 10-9 所示。

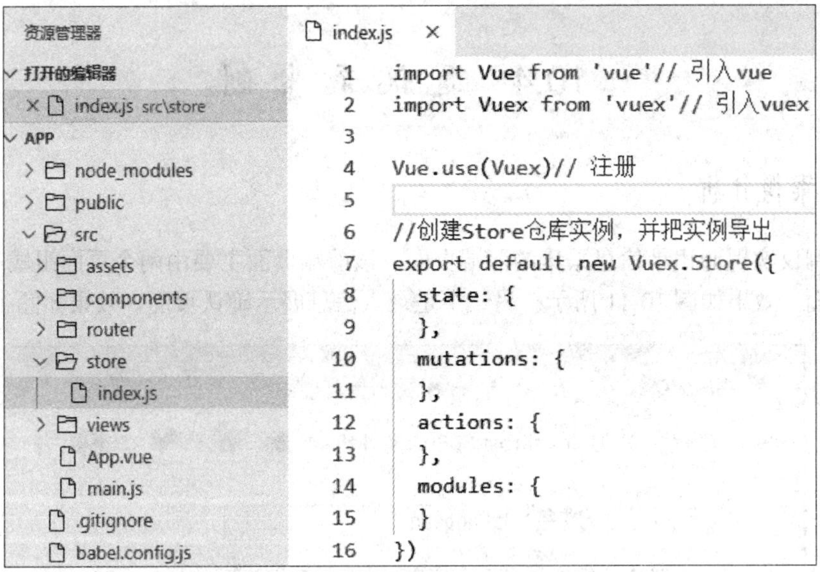

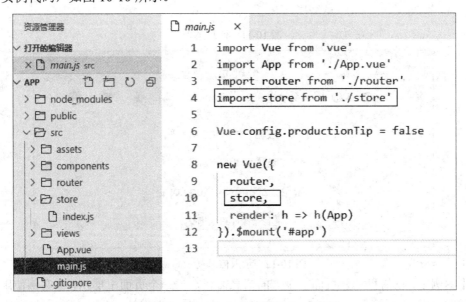

图 10-9　Vuex 配置文件的内容

Vuex 的配置文件中创建了 Store 实例，并导出该实例。在 main.js 文件中导入 Store 实例，并把 Store 实例注入到 Vue 根实例上，所有组件都可以使用。在 main.js 文件中配置 Store 实例代码，如图 10-10 所示。

图 10-10　在 main.js 文件配置 Store 实例

10.3.2　通过 npm 安装 Vuex 包

如果在创建项目时没有安装 Vuex，则可以通过 npm 来安装 Vuex。在项目的目录下，执行 "npm install vuex –save" 指令来安装 Vuex 包，安装完成后，需要手动完成如图 10-9、图 10-10 所示的配置。

10.4　通讯录案例

10.4.1　案例分析

　　本案例仅实现通讯录信息采集的前端页面，该前端页面主要由两个页面组成：一个是信息录入页面，效果如图 10-11 所示；另一个是录入信息展示确认页面，效果如图 10-12 所示。

图 10-11　信息录入

图 10-12　录入信息展示确认

　　本案例中，在信息录入页面上录入的信息需要在另一个页面上展示，本案例使用 Vuex 进行状态管理。

10.4.2　实现步骤

1. 创建项目

　　打开命令行工具，切换到 E:\vuepj 目录，执行如下指令创建项目：

```
vue create app
```

在项目创建过程中,应根据提示选择项目所需的配置项,本案例选择如图 10-8 所示选项。

2. 启动项目

输入 "cd app" 指令后回车,进入项目根目录,再执行 "npm run serve" 指令启动项目。打开浏览器,在地址栏中输入 "http://localhost:8080" 后回车,将显示 Vue 的默认示例项目界面。

3. 创建信息录入页面(userInfo.vue)

先删除 Vue 默认示例的组件(view 文件夹和 components 文件夹下的.vue 文件),接着在 view 目录下新建 "userInfo.vue" 组件,该组件代码如下:

```
<template>
  <div>
    <p>姓名: <input type="text" v-model="userInfo.name" /></p>
    <p>电话: <input type="text" v-model="userInfo.phone"/></p>
    <p>邮箱: <input type="email" v-model="userInfo.email"/></p>
    <button @click="add">下一步</button>
  </div>
</template>
<script>
  export default {
    data(){
      return{
      userInfo:{ name:'',phone:'',email:'@'}
    }
    },
    methods:{
      add(){
          this.$store.commit("addinfo", this.userInfo);
          var url = '/userInfolist'
          this.$router.push(url);
      }
    }
  }
</script>
```

4. 配置 Vuex

在 store 目录下的 index.js 文件中配置 Vuex,代码如下:

```
import Vue from 'vue'          //引入 vue
import Vuex from 'vuex'        //引入 vuex
Vue.use(Vuex)                  //注册
export default new Vuex.Store({
```

```
state: {
  userInfo:{ name:'',phone:'',email:''}
},
mutations: {
  addinfo(state, payload) {
    state.userInfo=payload;
  }
}
})
```

5. 创建信息展示页面

在 view 目录下新建 "userInfolist.vue" 组件，该组件的代码如下：

```
<template>
 <div>
  <p>姓名：{{userInfo.name}}</p>
  <p>电话：{{userInfo.phone}}</p>
  <p>邮箱：{{userInfo.email}}</p>
  <button>返回修改</button>
  <button>确认提交</button>
 </div>
</template>
<script>
export default {
 data() {
  return {};
 },
 computed: {
  userInfo() {
   return this.$store.state.userInfo;
  }
 }
};
</script>
<style lang="less" scoped>
</style>
```

6. 配置路由

在 router 目录下的 index.js 文件中配置路由。删除原示例项目的路由配置，配置本案例的路由，代码如下：

```
import Vue from 'vue'
```

```
import VueRouter from 'vue-router'
Vue.use(VueRouter)
  const routes =[
  {
    path:'/userInfo',
    component:()=>import('../views/userInfo.vue')
  },
  {
    path:'/userInfolist',
    component:()=> import('../views/userInfolist.vue')
  },
]
const router=new VueRouter({
  mode: 'history',
  base: process.env.BASE_URL,
  routes
})
export default router
```

7. 在 App.vue 顶级组件中配置路由出口

配置路由出口，代码如下：

```
<template>
  <div id="app">
    <router-view />
  </div>
</template>
<style lang="less">
</style>
```

8. 在浏览器中测试

在地址栏中输入"http://localhost:8080/userinfo"后回车，录入信息后，单击"下一步"按钮进入信息展示页面，查看页面上的信息是否与录入的信息一致。

第 11 章　前后台数据交互技术

11.1　Web 前后台数据交互方式

本节介绍以接口调用方式进行前后台数据交互：浏览器调用后端的接口，得到后台的数据后再做前端数据的渲染；客户端通过 URL 地址发送请求，调用后台的接口，后台根据不同的地址返回不同的数据(数据通常是 json 格式)，再做前端数据的渲染。

11.2　后台接口文档

后台开发人员提供后台 API 文档(接口文档)，API 文档中详细描述了每个接口的地址、请求方式、请求参数、响应结果返回格式及返回参数说明等。

例如"聚合数据(https://www.juhe.cn/)"网站提供了"成语词典"的免费 API，该 API 文档如下：

接口地址：http://v.juhe.cn/chengyu/query；

返回格式：json；

请求方式：http get/post；

请求示例：http://v.juhe.cn/chengyu/query?key=您申请的 KEY& word=查询的成语；

接口备注：根据成语查询详细信息，如详解、同义词、反义词、读音等信息。

请求参数说明如表 11-1 所示。

表 11-1　请求参数说明

名称	必填	类型	说　　明
word	是	string	填写需要查询的成语，UTF8 urlencode 编码
key	是	string	在个人中心->我的数据，接口名称上方查看
dtype	否	string	返回数据的格式，xml 或 json，默认是 json

返回参数说明如表 11-2 所示。

表 11-2　返回参数说明

名　　称	类　　型	说　　明
error_code	int	返回码
reason	string	返回说明

续表

名　称	类　型	说　明
result	string	返回结果集
bushou	string	首字部首
head	string	成语词头
pinyin	string	拼音
chengyujs	string	成语解释
from_	stirng	成语出处
example	string	举例
yufa	string	语法
ciyujs	string	词语解释
yinzhengjs	string	引证解释
tongyi	list	同义词
fanyi	list	反义词

json 返回示例如下：

```
⋮
{
    "reason": "success",
    "result": {
        "bushou": "禾",
        "head": "积",
        "pinyin": "jī shǎo chéng duō",
        "chengyujs": " 积累少量的东西，能成为巨大的数量。",
        "from_": " 《战国策·秦策四》："积薄而为厚，聚少而为多。"《汉书·董仲舒传》："聚少成多，积小致巨。"",
        "example": " 其实一个人做一把刀、一个勺子是有限得很，然而～，这笔账就难算了，何况更是历年如此呢。《二十年目睹之怪现状》第二十九回",
        "yufa": " 连动式；作谓语、宾语、分句；用于事物的逐渐聚积",
        "ciyujs": "[many a little makes a mickle;from small increments comes abundance;little will grow to much;penny and penny laid up will be many] 积累少数而渐成多数",
        "yinzhengjs": "谓只要不断积累，就会从少变多。语出《汉书·董仲舒传》："众少成多，积小致鉅。"唐李商隐《杂纂》："积少成多。"宋苏轼《论纲梢欠折利害状》："押纲纲梢，既与客旅附载物货，官不点检，专栏无由乞取；然梢工自须赴务量纳税钱，以防告訐，积少成多，所获未必减於今日。"清薛福成《陈派拨兵船保护华民片》："惟海军船数不多，经费不裕，势难分拨，兵轮久驻海外，华民集赀，积少成多，未尝不愿供给船费。"包天笑《钏影楼回忆录·入泮》："这项赏封，不过数十文而已，然积少成多，亦可以百计。"",
        "tongyi": [
            "集腋成裘",
```

```
            "聚沙成塔",
            "日积月累",
            "积水成渊"
        ],
        "fanyi": [
            "杯水车薪"
        ]
    },
    "error_code": 0
}
```

系统级错误码参照表 11-3。

表 11-3　系统级错误码

错误码	说　　　　　明
10001	错误的请求 KEY
10002	该 KEY 无请求权限
10003	KEY 过期
10004	错误的 OPENID
10005	应用未审核，超时，请提交认证
10007	未知的请求源
10008	被禁止的 IP
10009	被禁止的 KEY
10011	当前 IP 请求超过限制
10012	请求超过次数限制
10013	测试 KEY 超过请求限制
10014	系统内部异常(调用充值类业务时，请务必联系客服或通过订单查询接口检测订单，避免造成损失)
10020	接口维护
10021	接口停用

11.3　接口调用技术

11.3.1　axios 简介

Ajax 指最早出现的发送后端请求的技术，Vue2.0 之后，Vue 作者尤雨溪推荐大家用 axios。axios 是一个基于 promise 的 HTTP 库，是基于 promise 对 Ajax 的封装，可以工作于浏览器中，也可以在 node.js 中使用。

axios 有如下功能：

(1) 在浏览器中创建 XMLHttpRequests；

(2) 在 node.js 中创建 HTTP 请求；

(3) 支持 Promise API；

(4) 拦截请求和响应；

(5) 转换请求数据和响应数据；

(6) 取消请求；

(7) 自动转换 json 数据；

(8) 客户端支持防御 XSRF。

11.3.2　axios 的基本用法

1. 安装 axios

使用前，应先安装并引入 axios。在单独构建的应用中可以使用 cdn 方式引入 axios。代码如下：

```
<script src="https://cdn.bootcss.com/axios/0.19.2/axios.js"></script>
```

引入 axios 后，会暴露一个 axios 对象，要测试引入是否成功，可以在控制台输入命令：

```
console.log(axios);
```

如控制台输出如下代码，则说明引入成功。

```
ƒ wrap() {
    var args = new Array(arguments.length);
    for (var i = 0; i <args.length; i++) {
        args[i] = arguments[i];
    }
    return fn.apply(thisArg, args);
}
```

在模块化的打包系统上安装 axios，可参见 11.3.6 节。

2. 使用 axios

在页面中引入 axios.js 后，就可以使用 axios 对象的方法和属性。例如使用 axios 对象的 get 方法获取后台数据，代码如下：

```
axios.get('http://localhost:2000/getall')
    .then(res=>{
        console.log(res);
    })
```

11.3.3　axios 的常用方法

1. get 方法

get 方法用于查询数据，查询条件通过参数传递到服务器。参数传递方式有如下两种，具体采用哪种传递方式，应根据服务器的支持情况选用。

1）URL 传递参数

URL 传递参数的语法格式如下：

```
axios.get(url).then(res=>…).catch(error=>…).catch(error=>…)
```

（1）通过传统格式的 URL 传递参数。例如，要查询 id 为 100 的数据的代码如下：

```
axios.get('http://localhost:2000/data?id=100')
    .then(res=>{
        console.log(res.data);
        })
```

（2）get 方法通过 Restful 格式的 URL 传递参数。例如，要查询 id 为 100 的数据的代码如下：

```
axios.get('http://localhost:2000/data/100')
    .then(res=>{
        console.log(res.data);
        })
```

2）通过 params 选项传递参数

通过 params 选项传递参数的语法格式如下：

```
axios.get(url，{params:{...}}).then(res=>…).catch(error=>…)
```

例如，要查询 id 为 100 的数据的代码如下：

```
axios.get('http://localhost:2000/data',{
    params:{
        id:100
    }
    })
    .then(res=>{
        console.log(res.data);
            })
```

2．post 方法

post 方法可以添加数据，添加的数据通过参数传递到服务器，默认传递的是 json 格式的数据。post 方法的语法格式如下：

```
axios.post(url，{...}).then(res=>).catch(error=>…)
```

例如，添加一条用户名为"tom"，密码为"123456"的数据，代码如下：

```
axios.post('http://localhost:2000/data',{
    username:'tom',
    password:'123456'
    })
    .then(res=>{
```

```
    console.log(res);
  })
```

3. put 方法

put 方法可以修改数据，修改的数据通过参数传递到服务器，其参数传递方式与 post 方法的类似。例如：

```
axios.put('http://localhost:2000/data',{
    username:'tom',
    password:'888888'
})
  .then(res=>{
    console.log(res);
  })
```

4. delete 方法

delete 方法可以删除数据，删除条件通过参数传递到服务器，其参数传递方式与 get 的方法类似。例如，要删除 id 为 100 的数据的代码如下：

```
axios.delete ('http://localhost:2000/data',{
  params:{
    id:100
  }
})
  .then(res=>{
      console.log(res);
    })
```

11.3.4　axios 的响应结果

在 then 方法中可以接收到请求的响应结果，then 方法的参数是一个函数，由该函数的形参 res 来接收响应结果。res 有如下主要属性：

data：实际响应回来的数据；

headers：响应头信息；

status：响应状态码；

statusText：响应状态信息。

例如，在浏览器中运行以下示例代码，在控制台输出响应结果对象，如图 11-1 所示。

```
axios.get('http://localhost:2000/getall')
  .then(res=>{
    console.log(res);
  })
```

```
▼Object 🔧
  ▶config: {url: "http://localhost:2000/getall", method: "get", headers:…
  ▶data: (2) [{…}, {…}]
  ▶headers: {content-length: "155", content-type: "application/json; cha…
  ▶request: XMLHttpRequest {readyState: 4, timeout: 0, withCredentials: …
   status: 200
   statusText: "OK"
  ▶ proto : Object
```

图 11-1　请求响应结果对象

11.3.5　axios 的全局配置

(1) 默认请求 url。

axios.defaults.baseURL='请求 url'

(2) 请求超时。

axios.defaults.timeout=1000;

(3) 请求拦截器。

在请求发出之前设置一些信息，语法格式：

axios.Interceptors.request.use(function(config){

//在请求发出之前设置一些信息

return config;

　}，function(err){

　//处理错误信息

　})

(4) 响应拦截器。

在获取数据之前对响应结果做一些加工处理。语法格式：

axios.interceptors. response.use(functionc(res){

//响应结果做一些加工处理

　return res;

　}，function(err){

　//处理错误信息

　})

11.3.6　在 Vue Cli 项目中使用 axios

在 Vue Cli 项目中使用 axios 的步骤如下：

(1) 安装 axios。在命令工具行，切换到项目目录下，输入如下命令：

npm install axios

回车后，显示如下安装信息：

+ axios@0.19.2

added 4 packages from 7 contributors and audited 1206 packages in 6.963s

安装完成后，打开项目目录下的 package.json 文件，可以看到 axios 信息，代码如下：

```
"dependencies": {
    "axios": "^0.19.2",
    ……
}
```

(2) 在 main.js 中配置 axios。在 main.js 文件中引入 axios 并注册到 Vue 上，代码如下：

```
//引入 axios
import axios from 'axios'
//挂载在 Vue 的原型上
Vue.prototype.axios=axios;
```

(3) 配置 API 请求代理。如果前端应用和后端 API 服务器没有运行在同一个主机上，则需要在开发环境下将 API 请求代理到 API 服务器。这个代理可以通过 vue.config.js 中的 devServer.proxy 选项来配置。

vue.config.js 是一个可选的配置文件，如果项目的根目录中存在这个文件，则它会被 @vue/cli-service 自动加载。devServer.proxy 是一个指向开发环境 API 服务器的字符串，示例代码如下：

```
module.exports = {
  devServer: {
    proxy: 'http://localhost:2000'
  }
}
```

这个配置会告诉开发服务器将任何未知请求(没有匹配到静态文件的请求)代理到：http://localhost:2000。

如果想要更多的代理控制行为，也可以使用一个 path: options 成对的对象，其语法格式示例如下：

```
module.exports = {
  devServer: {
    proxy: {                     //匹配规则
      '/api': {
        target: '<url>',          //要访问的跨域的网址
        ws: true,
        changeOrigin: true        //开启代理(跨域值设为 true，没跨域值设为 false。)
      },
      '/foo': {
        target: '<other_url>'
      }
    }
  }
}
```

具体示例如下：

```
module.exports = {
  devServer: {
    proxy: {
      '/api': {
        target: 'http://localhost:2000',
        changeOrigin: true,
        ws: true,
        pathRewrite: {
          "^/api": "" //调用该代理时，用'/api'代替 target 里面的地址
        }
      }
    }
  }
}
```

11.4　Vue Cli 项目前后台数据交互案例

11.4.1　案例介绍

本案例是借助于"聚合数据 https://www.juhe.cn/"提供的成语词典免费 API，开发一个实现成语查询功能的小应用，案例效果如图 11-2 所示，输入成语后单击"查询"按钮，就能显示该成语的解释、同义词和反义词。

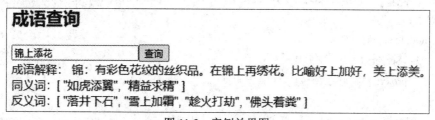

图 11-2　案例效果图

本案例中使用了"聚合数据 https://www.juhe.cn/"提供的成语词典免费 API，因此先要登录"聚合数据"网站进行注册、实名认证，之后就可以申请使用成语词典的 API，该 API 的开发文档见 11.2 节，也可在聚合数据网上查看。

11.4.2　案例实现步骤

1. 使用 Vue Cli 创建项目

创建 cyapp(项目名称)项目，打开命令行工具，进入创建项目的目录下。输入 "vue create cyapp"并回车创建项目(详细创建过程可参见 9.2 节)。

2．安装配置 axios

1）在项目中安装引入 axios

先在该项目的目录下，执行如下安装命令：

```
npm install axios –save
```

接着在 main.js 文件中引入 axios，代码如下：

```
//引入 axios
import axios from 'axios'
//挂载在 Vue 的原型上
Vue.prototype.axios=axios;
```

2）在 vue.config.js 文件中配置跨域代理

在项目的根目录下创建 vue.config.js 文件，该文件中的代码如下：

```
module.exports = {
  devServer: {
    proxy: {
      '/api': {
        target: "http://v.juhe.cn/chengyu/query",//成语词典的接口地址：http://v.juhe.cn/chengyu/query
        changeOrigin: true,
        ws: true,
        pathRewrite: {
          "^/api": "" //调用成语词典接口时，用'/api'代替 target 里面的地址
        }
      }
    }
  }
}
```

3．新建单个文件组件

先删除 Vue 默认示例的组件(view 文件夹和 components 文件夹下的.vue 文件)，接着创建项目的单个文件组件，该项目只需要一个组件，在 view 文件夹下新建 chengyu.vue 文件即可。

4．配置路由

在 router 目录下的 index.js 文件中配置路由。删除 Vue 默认示例项目的路由配置，配置本案例的路由。index.js 文件中的代码如下：

```
import Vue from 'vue'
import VueRouter from 'vue-router'
Vue.use(VueRouter)
const routes = [
  {path:'/',
```

```
    component: () => import('../views/chengyu.vue')
   }
   ]
   const router = new VueRouter({
    mode: 'history',
    base: process.env.BASE_URL,
    routes
   })
   export default router
```

5. 在 App.vue 组件中配置路由出口

配置路由出口的代码如下：

```html
    <template>
     <div id="app">
      <router-view/>
     </div>
    </template>
```

6. 启动项目

在命令工具行执行"npm run serve"命令，启动项目。

7. 实现成语查询功能

在单个文件组件 chengyu.vue 中实现成语查询功能。具体包括以下三方面的内容。

1) 界面实现

该组件的结构代码如下：

```html
    <template>
     <div>
        <h2>成语查询</h2>
        <input type="text" v-model="chyu">
        <input type="button" @click="caxun()" value='查询'/> <br/>
        <div id="show">
        成语解释：{{cysj.chengyujs}} <br/>
        同义词：{{cysj.tongyi}} <br/>
        反义词：{{cysj.fanyi}} <br/>
        </div>
     </div>
    </template>
```

该组件的样式代码如下：

```
<style lang="less" scoped>
    div {
    text-align: left;
    }
</style>
```

2) 定义数据

成语的信息来源于后台的 API 接口，可通过 axios 的方式来请求接口，得到数据后在页面上展示。

在 data 函数中定义一个对象 cysj: { chengyujs: "", tongyi: "", fanyi: "" }，用来存放后台返回来的成语解释、同义词、反义词数据，同时定义一个变量 chyu 接收文本框中的数据。代码如下：

```
data() {
    return {
        cysj: { chengyujs: "", tongyi: "", fanyi: "" },
        chyu: "",
    };
},
```

在文本框中输入成语，单击"查询"按钮，就能显示该成语的相关信息。给查询按钮绑定"click"事件@click="caxun()"，在 methods 中定义该事件的处理函数 caxun，代码如下：

```
methods: {
    caxun() {
    this.axios
        .get(`/api?word=${this.chyu}&dtype=json&key=ceb27e0f4f025f6df56f5a7214e20512`)
        .then((res) => {
            console.log(res.data);
        });
    },
},
```

调用 axios 的 get 方法获取后台数据，根据成语词典的 API 开发文档，get 方法使用传统格式的 URL 传递参数。URL 中的 "/api" 是在 vue.config.js 文件配置的跨域代理配置，用'/api'代替 target 里面的地址，target 值是成语词典的接口地址，URL 中的后面三个参数详见开发文档。如果能成功发出请求，则返回结果在 then 方法中接收到，在控制台输出返回结果中的数据(res.data)。

打开浏览器，在地址栏中输入 "http://localhost:8080" 并回车，在文本框中输入"锦上添花"，然后单击"查询"按钮。打开开发者工具，在控制台显示响应结果对象中的 data 对象，如图 11-3 所示。

```
▼{reason: "success", result: {…}, error_code: 0} ⓘ
  error_code: 0
  reason: "success"
▼result:
    bushou: "钅"
    chengyujs: " 锦：有彩色花纹的丝织品。在锦上再绣花。比喻好上加好，美上添…
    ciyujs: "[be blessed with a double portion of good fortune] 在美丽的…
    example: " 命穷时镇日价河头卖水，运来时一朝的～。 明·康海《中山狼》第一…
  ▶fanyi: (4) ["落井下石", "雪上加霜", "趁火打劫", "佛头着粪"]
    from_: " 宋·王安石《即事》诗："嘉招欲覆杯中渌，丙方唱仍添锦上花。"宋·黄…
    head: "锦"
    pinyin: "jǐn shàng tiān huā"
  ▶tongyi: (2) ["如虎添翼", "精益求精"]
    yinzhengjs: "比喻美上加美，好上加好。 宋 黄庭坚 《了了庵颂》："又要 涪翁…
    yufa: " 偏正式；作谓语、宾语、补语；含褒义"
  ▶__proto__: Object
  ▶ proto : Object
```

图 11-3　响应结果对象中的 data 对象

查看成语词典的 API 开发文档中返回参数说明，data 对象中的属性 reason 是返回说明，此案例 reason 的值是"success"，说明查询成功；属性 error_coder 是返回码，此案例 error_code 的值是"0"，说明查询没有异常，成功查询到该成语；属性 result 是返回结果集。

返回结果集 result 中的 chengyujs 属性是成语解释，tongyi 属性是同义词，fanyi 属性是反义词，这三个属性值是需要显示在页面上的。

3) 查询功能的实现

如果能够成功查询到成语(error_code:0)，则把查询到的值赋值给 cysj 对象；如果查询不到，则弹窗提示返回说明(reason 的值)。查询按钮单击事件的处理函数 caxun 的完整代码如下：

```
caxun() {
  this.axios
    .get(`/api?word=${this.chyu}&dtype=json&key=ceb27e0f4f025f6df56f5a7214e20512`)
    .then((res) => {
    console.log(res.data);
    if (res.data.error_code == 0) {
      this.cysj = res.data.result;
    } else {
    alert(res.data.reason);
    }
  });
},
```

第12章　基于Vue + Vant 移动端的
项目开发实践

前面章节已介绍了 Vue 的多种功能，本章将应用 Vue 开发项目，并结合 Vant 开发移动端应用。Vant 是轻量、可靠的移动端 Vue 组件库。

12.1　项 目 介 绍

本项目是借助于"聚合数据 https://www.juhe.cn/"提供的免费 API，开发一个移动端的生活服务类 App，包括老黄历查询、今日国内油价查询、车辆品牌车型大全、笑话四个模块，其功能结构如图 12-1 所示。

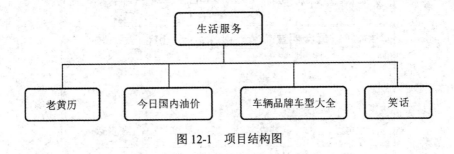

图 12-1　项目结构图

项目界面效果及功能介绍如下。

1. 老黄历查询

老黄历查询界面如图 12-2 所示。

老黄历查询界面分上下两个区域，上面区域显示日历，下面区域显示黄历详细信息；在日历区域单击选择要查看的日期，下面显示区域就会显示所选日期的黄历信息。

图 12-2　老黄历查询界面

2. 今日国内油价查询

今日国内油价查询界面如图 12-3、图 12-4 所示。

今日国内油价查询界面分上下两个区域，上面区域查询操作，下面区域显示油价信息；油价可以按地区查询，可查询到所选地区的各种油号的价格，也可以按油号来查询，查询的是同一种油号在全国各地的价格。

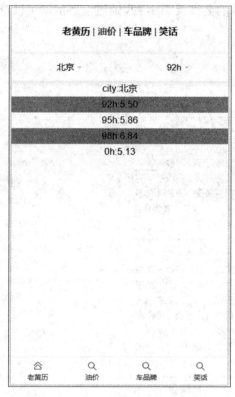

图 12-3　今日国内油价按地区查询界面　　　　图 12-4　今日国内油价按油号查询界面

3. 车辆品牌车型大全

车辆品牌车型大全的界面如图 12-5 所示。

图 12-5　车辆品牌车型大全的界面

车辆品牌车型大全的界面显示了所有品牌的名称及 logo 图,通过上下滑动可以查看所有汽车品牌的名称及 logo 图。

4. 笑话

笑话的界面如图 12-6 所示。

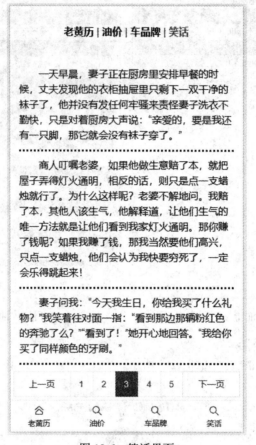

图 12-6　笑话界面

笑话的界面每页显示三个笑话,界面下面有页码导航条,单击页码可进入相应的页面。

12.2 技 术 方 案

一个完整的项目分为前端和后端两部分。

1. 前端技术方案

前端技术方案涉及以下几方面内容:

(1) 使用 Vue 作为前端开发框架。

(2) 使用 Vue Cli4.4.4 脚手架搭建项目。

(3) 使用 Vant 提供的移动端组件库。

(4) 使用 postcss-pxtorem、lib-flexible 实现移动端的自适配。

(5) 使用 axios 作为 HTTP 库和后端 API 交互。

(6) 使用 Vue Router 实现前端路由。

2. 后端技术方案

后端使用"聚合数据 https://www.juhe.cn/"提供的免费 API 进行数据交互，通过 axios
请求 API 服务器获得数据。

要使用"聚合数据 https://www.juhe.cn/"提供的免费 API，先要登录"聚合数据"网
站进行注册、实名认证，之后就可以申请使用免费的 API。每个 API 都有详细的 API 文档，
还可以在线测试 API。图 12-7 所示的是"今日国内油价"API 文档。本项目需要申请老黄
历、今日国内油价查询、车辆品牌车型大全、笑话四个免费 API。

图 12-7　"今日国内油价"的 API 文档截图

12.3　创建项目及搭建 Vant 移动端的开发环境

1. 安装 Vue Cli(本书使用的版本是 4.4.4)

安装 Vue Cli，打开 cmd，输入"npm install -g @vue/cli"并回车(详细创建过程可参见第 9 章)。

2. 创建项目

创建 mweb(项目名称)项目，打开命令行工具，进入要创建项目的目录下。输入"vue create mweb"并回车创建项目(详细创建过程可参见 9.2 节)。

3. 在 mweb 项目中安装 Vant

在 mweb 项目中安装 Vant，代码如下：

```
npm i vant -S
```

4. 引入 Vant 组件

引入 Vant 组件的方式有四种，在此介绍自动按需引入组件的方式，这种方式也是 Vant 官方网站推荐的方式。自动按需引入组件的步骤如下：

(1) 安装自动按需引入组件的插件 babel-plugin-import。babel-plugin-import 是一款 babel 插件，在编译过程中可将 import 的写法自动转换成按需引入的方式。代码如下：

```
npm i babel-plugin-import –D
```

(2) 引入组件样式。在项目根目录下的 babel.config.js 文件中，添加 plugins 配置，文件内容如下：

```
module.exports = {
  presets: [
    '@vue/cli-plugin-babel/preset'
  ],
  plugins: [
    ['import', {
      libraryName: 'vant',
      libraryDirectory: 'es',
      style: true
    }, 'vant']
  ]
}
```

5. 配置移动端的自适配——rem 适配

Vant 中的样式默认使用 px 作为单位，如使用基于 rem 单位的移动端的自适应，Vant 推荐使用以下两个工具：

postcss-pxtorem：一款 postcss 插件，用于将单位转化为 rem。

lib-flexible：用于设置 rem 基准值。

配置移动端的 rem 自适配方法步骤如下：

① 在项目中安装以上两个工具，代码如下：

```
npm install postcss-pxtorem lib-flexible –D
```

② PostCSS 配置。在项目的根目录下创建 postcss.config.js 文件，文件内容代码如下，可以在此配置的基础上根据项目需求进行修改。

```
module.exports = {
  plugins: {
    autoprefixer: {
      browsers: ['Android >= 4.0', 'iOS >= 8'],
    },
    'postcss-pxtorem': {
rootValue: 75,//值为设计稿宽度的 1/10，例如设计稿的宽度 750px，值就为 75
      propList: ['*'],
    },
  },
};
```

③ 引入 flexible。在 main.js 中引入 flexible，代码如下：

```
import "lib-flexible/flexible"
```

至此，就可以使用 Vant 组件开发移动端的应用了。Vant 组件的使用可到 Vant 官方网站查看开发指南，Vant 的官方网址：https://youzan.github.io/vant/#/zh-CN/。

12.4　安装与配置 axios

1. 在项目中安装、引入 axios

先在该项目的目录下，执行如下安装命令：

```
npm install axios –save
```

接着在 main.js 文件中引入 axios，代码如下：

```
//引入 axios
import axios from 'axios'
//挂载在 Vue 的原型上
Vue.prototype.axios=axios;
```

2. 在 vue.config.js 中配置跨域代理

在项目的根目录下创建 vue.config.js 文件，该文件中的代码如下：

```
module.exports = {
  devServer: {
    proxy: {
      //老黄历后端服务器地址
      '/api0': {
```

```
        target: "http://v.juhe.cn/laohuangli/d",
        changeOrigin: true,
        ws: true,
        pathRewrite: {
          "^/api0": ""  //用'/api0'代替 target 里面的地址
        }
      },
      //今日国内油价后端服务器地址
      '/api1': {
        target: "http://apis.juhe.cn/gnyj/query",
        changeOrigin: true,
        ws: true,
        pathRewrite: {
          "^/api1": ""  //用'/api1'代替 target 里面的地址
        }
      },
      //笑话大全后端服务器地址
      '/api2': {
        target: "http://v.juhe.cn/joke/content/list.php",
        changeOrigin: true,
        ws: true,
        pathRewrite: {
          "^/api2": ""  //用'/api2'代替 target 里面的地址
        }
      },
      //车辆品牌车型大全后端服务器地址
      '/pp': {
        target: "http://apis.juhe.cn/cxdq/brand",
        changeOrigin: true,
        ws: true,
        pathRewrite: {
          "^/pp": ""  //用'/pp'代替 target 里面的地址
        }
      },
    }
  }
}
```

12.5　项目的目录及文件结构

　　该项目使用 Vue Cli 脚手架搭建，目录结构已创建好。本项目较为简单，不需要新建其他目录。本项目有四个模块内容，每个模块分别用单个文件组件实现，在 views 文件夹下创建这四个单个文件组件分别为 lhl.vue(老黄历查询)、yj.vue(今日国内油价查询)、cpp.vue(车辆品牌车型大全)、xh.vue(笑话大全)，在 components 目录下创建导航栏组件 tabbar.vue。目录及文件结构如图 12-8 所示。

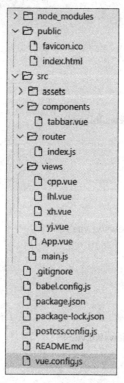

图 12-8　目录及文件结构

12.6　配　置　路　由

　　项目的四个组件交给路由导航，路由与组件的对应关系如表 12-1 所示。

表 12-1　路由与组件的对应关系

名　　称	路　　由	组　　件
老黄历查询	/lhl	lhl.vue
今日国内油价查询	/yj	yj.vue
车辆品牌车型大全	/cpp	cpp.vue
笑话大全	/xh	xh.vue

在 router 目录下的 index.js 文件中配置路由。删除 Vue 默认示例项目的路由配置，配置本案例的路由。index.js 文件中的代码如下：

```
import Vue from 'vue'
import VueRouter from 'vue-router'
Vue.use(VueRouter)
const routes = [
  {
    path: '/',
    redirect:'/lhl'
  },
  {
    path: '/lhl',
    name: 'lhl',
    component: () => import('../views/lhl.vue')
  },
  {
    path: '/yj',
    name: 'yj',
    component: () => import('../views/yj.vue')
  },
  {
    path: '/xh',
    name: 'xh',
    component: () => import('../views/xh.vue')
  },
  {
    path: '/cpp',
    name: 'cpp',
    component: () => import('../views/cpp.vue')
  },
]
const router = new VueRouter({
  mode: 'history',
  base: process.env.BASE_URL,
  routes
})
export default router
```

12.7　各模块功能的实现

12.7.1　老黄历查询功能的实现

用单个文件组件 lhl.vue 来实现老黄历查询功能。

1. 界面设计与实现

如图 12-2 所示的老黄历界面，界面分上下两个区域，上面区域显示日历，下面区域显示黄历详细信息。

日历用 Vant 提供"Calendar 日历"组件，使用平铺展示的效果；黄历信息显示用 Vant 提供的"Layout 布局"组件来布局，设置为 4 行 2 列，标题用"Tag 标记"组件。在 main.js 文件中引入注册这些 Vant 组件，代码如下：

```
//"Calendar 日历"组件
import { Calendar } from 'vant';
Vue.use(Calendar);
//"Layout 布局"组件
import { Col, Row } from 'vant';
Vue.use(Col);
Vue.use(Row);
//"Tag 标记"组件
import { Tag } from 'vant';
Vue.use(Tag);
```

这样，在 lhl.vue 单个文件组件中就可以使用这些组件了。

lhl.vue 单个文件组件的结构代码如下：

```
<template>
 <div>
  <van-calendar
   title="老黄历"
   :poppable="false"
   :show-confirm="false"
   :row-height="40"
   :style="{ height: '330px' }"
   @select="sayday"  />
  <div id="lhl">
   <van-row gutter="10" class="rowstyle">
    <van-col span="12">
     <van-tag plain type="primary">阴历</van-tag>
     {{wl.yinli}}
```

```
        </van-col>
        <van-col span="12">
          <van-tag plain type="danger">冲煞</van-tag>
          {{wl.chongsha}}
        </van-col>
      </van-row>
      <van-row gutter="10" class="rowstyle">
        <van-col span="12">
          <van-tag plain type="success">宜</van-tag>
          {{wl.yi}}
        </van-col>
        <van-col span="12">
          <van-tag plain type="danger">忌</van-tag>
          {{wl.ji}}
        </van-col>
      </van-row>
      <van-row gutter="10" class="rowstyle">
        <van-col span="12">
          <van-tag plain type="primary">五行</van-tag>
          {{wl.wuxing}}
        </van-col>
        <van-col span="12">
          <van-tag plain type="danger">彭祖百忌</van-tag>
          {{wl.baiji}}
        </van-col>
      </van-row>
      <van-row gutter="10" class="rowstyle">
        <van-col span="12">
          <van-tag plain type="success">吉神宜趋</van-tag>
          {{wl.jishen}}
        </van-col>
        <van-col span="12">
          <van-tag plain type="danger">凶神宜忌</van-tag>
          {{wl.xiongshen}}
        </van-col>
      </van-row>
    </div>
  </div>
</template>
```

lhl.vue 单个文件组件的样式代码如下：

```
<style lang="less" scoped>
#lhl {
    text-align: left;
    font-size: 14px;
    padding: 10px;
    .rowstyle {
        margin: 5px 0;
        border-bottom: dotted 1px blue;
    }
}
</style>
```

2. 定义数据

老黄历信息来源于后台的 API 接口，通过 axios 的方式来请求接口，得到数据后在页面上展示。

老黄历 API 文档中说明了请求参数 date 的日期格式示例：2014-09-11，为了方便把日历组件返回的日期数据转换成老黄历 API 文档中要求的日期格式，可安装一个 JavaScript 日期处理类库 moment。安装 moment 命令如下：

```
npm install moment –save
```

在 data 函数中定义一个对象 wl，用来存放后台返回的数据：

```
import moment from "moment";
export default {
  data() {
   return {
      wl: { }
   };
  },
 }
```

3. 实现界面初始显示当日的老黄历信息

在 created()钩子函数中，初始化数据，代码如下：

```
created() {
  var dd = moment(new Date()).format("YYYY-MM-DD");
  this.axios
    .get(`/api0?date=${dd}&key=0de334a9703744bffcd590a6697ad8d7`)
    .then(res => {
     this.wl = res.data.result;
    });
  },
```

4. 老黄历查询功能的实现

在日历区域单击选择要查看的日期，下面显示区域就会显示所选日期的黄历信息。给日历控件绑定"select"事件@select="sayday"，在 methods 中定义事件处理函数 sayday，代码如下：

```
methods: {
  sayday(value) {
    var dd = moment(value).format("YYYY-MM-DD");
    this.axios
      .get(`/api0?date=${dd}&key=0de334a9703744bffcd590a6697ad8d7`)
      .then(res => {
        this.wl = res.data.result;  });
  },
},
```

12.7.2　今日国内油价查询功能的实现

用单个文件组件 yj.vue 来实现今日油价查询功能。

1. 界面设计与实现

如图 12-3 所示的今日国内油价查询界面，界面分上下两个区域，上面区域是地区下拉菜单和油号下拉菜单，下面区域显示油价详细信息。地区和油号的下拉菜单用 Vant 提供的"DropdownMenu 下拉菜单"组件，用 ul 列表显示油价信息。

在 main.js 文件中引入注册 Vant 的"DropdownMenu 下拉菜单"组件，代码如下：

```
import { DropdownMenu, DropdownItem } from 'vant';
Vue.use(DropdownMenu);
Vue.use(DropdownItem);
```

yj.vue 单个文件组件的结构代码如下：

```
<template>
  <div id="yj">
    <van-dropdown-menu>
      <van-dropdown-item
        v-model="value1"
        :options="area"
        @change="charea()" />
      <van-dropdown-item
        v-model="value2"
        :options="yh"
        @change="chyh()" />
    </van-dropdown-menu>
    <div>
```

```
    <ul v-if="flag">
      <li v-for="(item, index) in showyh" :key="index">
        {{item.city}}: {{item.yj}} </li>
    </ul>
    <ul v-else>
      <li v-for="(value, name) in showyj" :key="name">
        {{ name }}:{{ value }}　</li>
    </ul>
    </div>
    </div>
</template>
```

yj.vue 单个文件组件的样式代码如下：

```
<style lang="less" scoped>
li {
    line-height: 28px;
    font-size: 16px;
}
li:nth-of-type(2n) {
    background-color: darkseagreen;
}
</style>
```

2. 定义数据

油价信息来源于后台的 API 接口，通过 axios 的方式来请求接口，得到数据后在页面上展示。

在 data 函数中定义数组 area 用来存放地区下拉菜单的选项数据，定义数组 yh 用来存放油号下拉菜单的选项数据，定义数组 yjlist 用来存放后台返回来的数据，定义对象 showyj 用来存放地区的油价信息，定义数组 showyh 用来存放同一种油号在全国各地的价格，代码如下：

```
data() {
  return {
    value1: 0,
    value2: "92h",
    area: [],
    yh: [
      { text: "92h", value: "92h" },
      { text: "95h", value: "95h" },
      { text: "98h", value: "98h" },
      { text: "0h", value: "0h" } ],
    yjlist: [],//所有油价信息
```

```
    showyj: {},//地区的油价
    showyh: [],//一种油号在所有地区的价格
    flag: false
  };
},
```

3. 实现界面初始数据的显示

在 created()钩子函数中，初始化 yjlist、area、showyj 数据，代码如下：

```
created() {
this.axios
.get("/api1?key=ad8bff1d1c80eed5fd09b2279f258460")
.then(res => {
    this.yjlist = res.data.result;
    var item = { text: "", value: "" };
    for (var i = 0; i < this.yjlist.length; i++) {
      item.text = this.yjlist[i].city;
      item.value = i;
      this.area.push(item);
      item = { text: "", value: "" };
    }
    this.showyj = this.yjlist[0];
  });
},
```

4. 油价查询功能的实现

选择地区可查询到所选地区的各种油号的价格，选择油号可查询到同一种油号在全国各地的价格。给地区 van-dropdown-item 组件绑定 change 事件 @change="charea()"，给油号 van-dropdown-item 组件绑定 change 事件@change="chyh()"，在 methods 中定义事件处理函数 charea()、chyh()，代码如下：

```
methods: {
  charea() {
    this.showyj = this.yjlist[this.value1];
    this.flag = false;
  },
  chyh() {
    var item = { city: "", yj: "" };
    for (var i = 0; i < this.yjlist.length; i++) {
      item.city = this.yjlist[i]["city"];
      item.yj = this.yjlist[i][this.value2];
      this.showyh.push(item);
```

```
        item = { city: "", yj: "" };
        this.flag = true;
      }
    },
  },
```

12.7.3　车辆品牌车型查看功能的实现

用单个文件组件 cpp.vue 来实现车辆品牌车型的查看功能。

1. 界面设计与实现

车辆品牌信息以三列的宫格方式显示，通过上下滑动查看所有汽车品牌的名称及 logo 图。宫格用 Vant 提供的"Grid 宫格"组件来实现，车辆品牌的 logo 图用"Image 图片"组件来实现，车辆品牌的名称用"Cell 单元格"组件来实现。

在 main.js 文件中引入注册 Vant 的这些组件，代码如下：

```
import { Grid, GridItem } from 'vant';
Vue.use(Grid);
Vue.use(GridItem)
import { Image as VanImage } from 'vant';
Vue.use(VanImage);
import { Cell} from 'vant';
Vue.use(Cell);
```

cpp.vue 单个文件组件的结构代码如下：

```
<template>
  <div>
    <van-grid :border="false" :column-num="3">
      <van-grid-item v-for="item in ppai" :key="item.id">
        <van-image :src="item.brand_logo" />
        <van-cell :title="item.brand_name" />    </van-grid-item>
    </van-grid>
  </div>
</template>
```

2. 定义数据

车辆品牌信息来源于后台的 API 接口，通过 axios 的方式来请求接口，得到数据后在页面上展示。在 data 函数中定义一个数组 ppai，用来存放后台返回的数据。

```
    data() {
      return {
      ppai: [{ brand_name: "", brand_logo: "" }]
      };
    },
```

3．获取车辆品牌大全数据

在 created()钩子函数中，初始化 ppai 数据，代码如下：

```
created() {
  this.axios
    .get(`/pp?first_letter=&key=b875dde7020d9d3d3a77a597ec4e8e05`)
    .then(res => {
      this.ppai = res.data.result;
    });
},
```

12.7.4　笑话查阅功能的实现

用单个文件组件 xh.vue 来实现笑话查阅功能。

1．界面设计与实现

笑话界面每页显示三个笑话，通过界面下方的页码导航来实现翻阅。用列表 ul 来实现笑话显示，页码导航用 vant 提供的"Pagination 分页"组件来实现。

在 main.js 文件中引入注册 Vant 的"Pagination 分页"组件，代码如下：

```
import { Pagination } from 'vant';
Vue.use(Pagination);
```

xh.vue 单个文件组件的结构代码如下：

```
<template>
  <div id="joke">
  <ul >
    <li v-for="item in joke" :key="item.hashId">
      {{ item.content }}
    </li>
  </ul>
  <van-pagination
    v-model="currentPage"
    :total-items="25"
    :items-per-page="3"
    @change="chym()" />
  </div>
</template>
```

2．定义数据

笑话信息来源于后台的 API 接口，通过 axios 的方式来请求接口，得到数据后在页面上展示。在 data 函数中定义一个数组 joke，用来存放后台返回的数据，定义变量 currentPage 用于存放当前页码。代码如下：

```
data() {
```

```
        return {
          joke:[],
          currentPage:1,
        }
      },
```

3. 初始化数据

笑话 API 文档给出了请求示例(http://v.juhe.cn/joke/content/list.php?key=您申请的 KEY&page=2&pagesize=10&sort=asc&time=1418745237)及请求参数说明，参数 time 是时间戳(10 位)。

定义一个生成 10 位数的时间戳函数，代码如下：

```
function timest() {
    var tmp = Date.parse( new Date() ).toString();
    tmp = tmp.substr(0,10);
    return tmp;
}
```

在 created()钩子函数中，初始化 joke 数据，代码如下：

```
created() {
    var stmp= timest();
    this.axios
      .get(`/api2?sort=desc&page=1&pagesize=3&time=${stmp}&key=c7a52c1debd6bca78b63a92c5a
7cd7d0`)
      .then(res=>{
          this.joke=res.data.result.data;
      });
},
```

4. 实现翻阅

在页码导航条上，单击页码进入相应的页面，给 van-pagination 组件绑定"change"事件@change="chym"，在 methods 中定义事件处理函数 chym，代码如下：

```
methods: {
    chym(){
    var stmp= timest();
    this.axios.get(`/api2?sort=desc&page=${this.currentPage}&pagesize=3&time=${stmp}&key=c7a
52c1debd6bca78b63a92c5a7cd7d0`)
      .then(res=>{
          this.joke=res.data.result.data;
      });
    },
},
```

12.7.5　导航栏功能的实现

用单个文件组件 tabbar.vue 来实现导航功能。用 Vant 提供的"Tabbar 标签栏"来实现导航栏。

在 main.js 文件中引入注册 Vant 的"Tabbar 标签栏"组件，代码如下：

```
import { Tabbar, TabbarItem } from 'vant';
Vue.use(Tabbar);
Vue.use(TabbarItem);
```

tabbar.vue 单个文件组件的结构代码如下：

```
<template>
  <div>
  <van-tabbar route>
  <van-tabbar-item replace to="/lhl" icon="home-o">
      老黄历
  </van-tabbar-item>
  <van-tabbar-item replace to="/yj" icon="search">
      油价
  </van-tabbar-item>
  <van-tabbar-item replace to="/cpp" icon="search">
      车品牌
  </van-tabbar-item>
  <van-tabbar-item replace to="/xh" icon="search">
      笑话
  </van-tabbar-item>
  </van-tabbar>
  </div>
</template>
```

van-tabbar 组件中配置了 route 路由属性，van-tabbar-item 组件中配置了 replace to 属性，其中 to 属性值是路由路径，由此导航栏可以实现路由导航功能。

12.7.6　配置 App.vue

该项目显示的每个页面的顶部、底部都有导航。顶部导航使用<router-link>实现，底部导航栏在单个文件组件 tabbar.vue 中实现。将 tabbar.vue 组件导入到 App.vue 中，注册该组件，就可以在 App.vue 的结构中引用。

App.vue 文件中的代码如下：

```
<template>
  <div id="app">
    <div id="nav">
```

```
            <router-link to="/">老黄历</router-link> |
            <router-link to="/yj">油价</router-link> |
            <router-link to="/cpp">车品牌</router-link> |
            <router-link to="/xh">笑话</router-link>
        </div>
        <router-view/>
        <tabbar/><!-- 导航栏组件 -->
    </div>
</template>
<script>
import tabbar from "./components/tabbar.vue"//引入组件
    export default {
        components:{
            tabbar//注册组件
        }
    }
</script>
```

12.8　项　目　测　试

打开浏览器，在地址栏中输入"http://localhost:8080"并回车，出现如图 12-2 所示的界面 (注：如果没有启动项目，则先运行"npm run serve"指令启动项目)。

12.9　项　目　打　包

Vue 脚手架提供了一个命令"npm run build"进行打包项目，成功执行"npm run build"命令后，项目文件夹下会多一个 disk 文件夹，disk 文件夹的内容如图 12-9 所示。

图 12-9　disk 文件夹的内容

disk 文件夹下的 index.html 文件不能直接用浏览器打开，打包后的文件需要放到服务器上才能打开。

参 考 文 献

[1] 阮一峰. ES6 标准入门. 3 版. 北京：电子工业出版社，2017.

[2] 梁睿坤. Vue2 实践揭秘. 北京：电子工业出版社，2017.

[3] 肖睿，龙颖. Vue 企业开发实践. 北京：人民邮电出版社，2018.